AF230451

MAGDELAINE

RÉPUBLIQUE FRANÇAISE

MINISTÈRE DE L'AGRICULTURE

DIRECTION GÉNÉRALE DES EAUX ET FORÊTS

RESTAURATION

ET

CONSERVATION DES TERRAINS

EN MONTAGNE

PREMIÈRE PARTIE

PARIS

IMPRIMERIE NATIONALE

MDCCCXI

RESTAURATION

ET

CONSERVATION DES TERRAINS

EN MONTAGNE

4° S
2403

MINISTÈRE DE L'AGRICULTURE

DIRECTION GÉNÉRALE DES EAUX ET FORÊTS

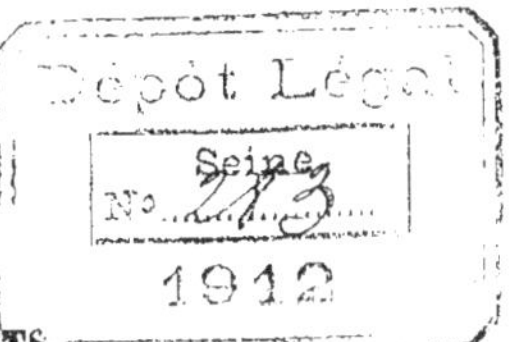
Dépôt Légal
N° Seine 213
1912

RESTAURATION

ET

CONSERVATION DES TERRAINS

EN MONTAGNE

PREMIÈRE PARTIE

PARIS

IMPRIMERIE NATIONALE

MDCCCCXI

À MONSIEUR PAMS,

MINISTRE DE L'AGRICULTURE.

Paris, le 28 mars 1911.

MONSIEUR LE MINISTRE,

Dans la séance du 13 mars 1908, la Chambre des Députés a adopté un projet de résolution invitant le Gouvernement à fournir au Parlement un état des dépenses effectuées en application de la loi du 4 avril 1882 sur la restauration et la conservation des terrains en montagne.

J'ai pris les mesures nécessaires pour déférer à l'invitation de la Chambre.

J'ai l'honneur de vous présenter, pour être soumis au Parlement, un travail résumant l'œuvre accomplie par l'Administration des eaux et forêts depuis la promulgation de la loi du 4 avril 1882, pour le reboisement des montagnes.

Avant d'analyser le travail que j'ai préparé sur l'application de la loi du 4 avril 1882, il me paraît nécessaire de rappeler, par un exposé sommaire, les conditions du vote de la loi pour en mieux faire ressortir le caractère et la portée. L'examen des tableaux et documents produits sera plus facile; le rôle de l'Administration forestière étant nettement défini, il sera aisé de se rendre compte de la façon dont elle a fait usage des pouvoirs que le législateur lui a confiés. On pourra aussi rechercher quelles armes nouvelles il pourrait y avoir lieu de lui donner pour la tâche qui lui reste à accomplir.

HISTORIQUE.

La première loi d'ensemble sur le reboisement date du 28 juillet 1860. Jusque-là, des efforts avaient bien été tentés pour obvier à la dégradation des montagnes et parer aux inondations. Mais ils avaient été intermittents, plus actifs au moment des catastrophes, ralentis à mesure que le souvenir s'en effaçait. Ils n'avaient eu d'ailleurs qu'un caractère local ou régional. Tel le décret du 4 thermidor an XII — provoqué par les observations méthodiques et les travaux de Fabre en 1797 — applicable au département des Hautes-Alpes et étendu en 1806 à la Drôme et aux Basses-Alpes.

La désastreuse inondation de 1840 fit entrer dans les préoccupations des pouvoirs publics la recherche des moyens de défense contre les ravages des eaux. En 1846, un projet de loi « relatif au reboisement des montagnes et à la conservation du sol forestier » fut déposé sur le bureau de la Chambre des Députés. Il fut jugé trop hardi et provoqua de nombreuses objections à raison des questions économiques, visant surtout l'industrie pastorale, qu'il pouvait soulever. Il ne s'agissait cependant que de travaux préparatoires « destinés à déterminer plus tard des essais ». Il fut retiré quelques mois après avoir été présenté.

Pendant dix années, on ne songea plus aux moyens de combattre les inondations : il fallut un véritable cataclysme pour poser de nouveau la question. En juin 1856, un désastre sans pareil se produisit; presque simultanément, des inondations terribles ravagèrent les bassins du Rhin, de la Loire, du Rhône, de la Garonne et de la Seine, causant la perte d'un grand nombre d'existences humaines, occasionnant des dégâts pour plus de 200 millions.

Une loi était bien intervenue en 1858 pour la défense des villes contre les inondations, mais ce ne fut que le 28 juillet 1860 que fut promulguée la loi sur le reboisement des montagnes. Elle fut très mal accueillie des populations pastorales, on protesta de toutes parts contre ses dispositions. Le reboisement, disait-on, devait faire disparaître les pâturages; la forêt devait partout prendre la place du gazon. Des résistances très vives, voire même des révoltes à main armée, se produisirent. On crut remédier à la situation en faisant la loi du 8 juin 1864 qui autorisait la substitution en tout ou partie du gazonnement au reboisement; on dut reconnaître bien vite qu'on s'était trompé. La loi de 1864 ne pouvait donner de résultat. Le gazonnement ne saurait à lui seul suffire pour la fixation des terrains en mouvement ou fortement dégradés dont la conservation touche à l'intérêt public. D'ailleurs, la loi de 1864, qui s'inspirait des mêmes principes que la loi de 1860, portait en elle, comme celle-ci, des imperfections, « une collection de vices dont un seul pouvait suffire à la tuer ». Les ressources financières n'étaient nullement en rapport avec l'œuvre à accomplir, mais le défaut capital de la loi consistait dans la mainmise par l'État, *sans indemnité*, sur les terrains communaux. La dépossession n'était que temporaire, il est vrai, mais les conditions faites pour la reprise de possession étaient très onéreuses et peu équitables.

Dès 1874, un dévoué représentant des populations montagnardes, le docteur Chevandier (de la Drôme), demandait sinon l'abrogation réelle de la législation sur le reboisement, du moins une modification profonde de ses dispositions.

En 1876, le Gouvernement déposa un projet de loi destiné à remplacer les lois de 1860 et de 1864. La Chambre l'adopta en 1877, mais la Commission du Sénat lui opposa un contre-projet ayant principalement pour objet la réglementation des pâturages. Le Gouvernement retira le projet primitif et déposa au Sénat, en 1879, un nouveau projet qui, après avoir subi des modifications dans certaines de ses dispositions, devint la loi du 4 avril 1882 sur la « restauration et la conservation des terrains en montagne ».

CONSIDÉRATIONS GÉNÉRALES SUR LA LOI DU 4 AVRIL 1882.

La loi reconnaît nettement le caractère de travaux publics aux travaux obligatoires de restauration et de conservation.

C'est le retour au droit commun. La loi du 3 mai 1841 est rendue applicable avec toutes ses garanties qui sont même augmentées. Des Commissions locales examinent les projets du Service forestier et finalement la loi (art. 2), et non plus un décret, détermine le « périmètre » dans lequel les travaux doivent être exécutés, ceux-ci ne s'appliquant qu'au cas de « dégradation du sol et de dangers nés et actuels ».

Dans les périmètres de restauration, les travaux sont exécutés sur des terrains appartenant en toute propriété à l'État et qu'il acquiert soit à l'amiable, soit par voie d'expropriation (art. 4). Toutefois, les propriétaires, les communes et les établissements publics peuvent conserver la propriété de leurs terrains, s'ils parviennent à s'entendre avec l'État avant le jugement d'expropriation et s'engagent à faire exécuter, dans le délai à eux imparti, les travaux de restauration dans les conditions prévues par l'Administration des eaux et forêts et sous son contrôle.

L'État subventionne les travaux de reboisement effectués en montagne, par les communes et les particuliers, à raison de l'intérêt qu'ils présentent au point de vue général et en ayant égard, pour les communes, à leurs ressources, à leurs sacrifices et à leurs besoins.

Un titre de la loi prévoit la « mise en défens », pour une durée qui ne peut excéder dix années, des pâturages dont la dégradation n'est pas assez avancée pour justifier l'expropriation; les périmètres de cette nature sont déterminés par décret.

La réglementation des pâturages doit être ordonnée dans les communes dont les noms sont inscrits dans un tableau annexé au règlement d'administration publique. Des lacunes, — sans doute volontaires — dans les dispositions concernant les pâturages, en ont rendu l'application à peu près impossible : je reviendrai sur ce sujet.

Des considérations qui précèdent, il résulte que le Parlement, guidé par la pensée dominante de concilier l'intérêt public avec celui des populations des montagnes, n'a voulu que des périmètres excessivement restreints. La loi organique ne prévoit pas l'incorporation de vastes étendues pour la régularisation du régime des cours d'eau, elle ne donne à l'Administration que le pouvoir d'exproprier les plaies vives, les lèvres ravinées des torrents, là où il se présente des dangers nés et actuels».

C'est dans e même esprit que la loi de 1882 a ordonné la revision des anciens périmètres qu'on trouvait beaucoup trop étendus. Il s'ensuit que la loi n'a pas pour objet la création de vastes forêts capables de donner dans l'avenir des revenus importants, mais bien plus la concentration, sur des surfaces limitées, de travaux d'un caractère intensif, d'ouvrages d'art, barrages, etc., accompagnés parfois de travaux de plantations.

Mais si ces terrains ne doivent rien ou pour ainsi dire rien rapporter à l'État, ils sont, en revanche, d'un profit inappréciable pour la communauté des intérêts sociaux, puisqu'ils protègent les villages, les routes, les chemins de fer, les cultures des riches vallées contre les torrents ou les avalanches.

Cependant, dans certaines régions, le problème a pu être envisagé un peu différemment. Il a paru, les dégradations étant moindres et l'opinion publique s'y prêtant, qu'il était possible de créer des périmètres plus étendus et de faire réellement du reboisement Dans la partie basse des Cévennes, comprenant les départements du Gard et de l'Hérault, dans cette contrée qui n'a comme modérateur du régime des eaux ni grands lacs, ni glaciers, il a paru qu'on devait chercher à créer des massifs boisés étendus. La grande forêt qu'on songe à reconstituer dans cette région agira à la façon d'une énorme éponge; elle aura pour effet de retarder le rassemblement, puis l'écoulement des eaux, d'en diminuer la masse et d'en emmagasiner la plus grande partie pour livrer ensuite à la sortie des montagnes, au grand profit de l'industrie et de l'agriculture, des eaux déchargées, coulant avec des vitesses ralenties ou brisées.

TRAVAUX ET DÉPENSES.

Après ces considérations générales, je crois devoir vous exposer le plan général du travail demandé par la Chambre des Députés. Il se divise en deux groupes : « Renseignements généraux », « Renseignement spécial à chaque périmètre ».

Contrairement aux indications des documents précédemment publiés sur l'application de la loi de 1882 et pour en rendre la consultation plus facile, le compte rendu des travaux n'est plus établi par région (Alpes, Cévennes, Pyrénées), mais par périmètre englobant le territoire d'une ou plusieurs communes.

La partie des « Renseignements généraux » se subdivise en trois sections :

Action de l'Administration dans la limite des neiges persistantes.

Exécution des travaux de reboisement (essences, graines, enherbement, reboisement, etc.).

Exécution des travaux de correction (défense contre les avalanches, drainages, barrages, dérivation de torrents, etc.)

Le deuxième groupe, qui traite des renseignements spéciaux à chaque périmètre, comprend les sous-sections suivantes : Description du bassin, situation administrative, état de dégradation du sol, composition du périmètre, nature des travaux, résultats obtenus.

TRAVAUX DE CORRECTION LES PLUS IMPORTANTS.

A ces renseignements sont jointes des reproductions de vues photographiques qui ont été choisies de manière à permettre de comparer les résultats actuels avec la situation antérieure à diverses époques et surtout à l'époque du commencement des travaux. Des mentions de référence facilitent ces comparaisons.

Les documents fournis parlent d'eux-mêmes, ils n'appellent aucune explication spéciale. Ils montrent que, si grande que soit l'œuvre à accomplir, l'Administration des eaux et forêts a fait tous ses efforts pour justifier la confiance du Parlement dans la tâche qu'il lui a donné à remplir.

L'ère des tâtonnements est passée pour l'exécution des travaux de reboisement; des mécomptes ne se produisent que tout à fait exceptionnellement. La sûreté des procédés employés pour combattre les inondations à leurs sources, qui ne consistent en somme qu'en une succession de petits moyens, est aujourd'hui reconnue.

Les faits sont là qui établissent la valeur de nos procédés. Le sol rendu stable et reconstitué, l'aridité et la nudité des pentes disparaissant sous la végétation forestière et herbacée, le torrent boueux et menaçant changé en un ruisseau inoffensif et même bienfaisant : voilà ce qu'a produit, dans maints endroits, l'application de la loi du 4 avril 1882. Partout, dans les régions soumises à l'application de la loi, apparaît l'efficacité des travaux de reboisement.

Parmi tant d'heureux résultats, je me bornerai à citer la correction des torrents de Sainte-Marthe, dans les Hautes-Alpes; des torrents du Labouret, du Bourget, du Rioux-Bourdoux, dans les Basses-Alpes; des torrents de la Grolaz et du Sécheron en Savoie; du torrent de Saint-Antoine dans l'Isère; la correction de la Combe de Péguère et du Laou-d'Esbas, dans la Haute-Garonne; l'exécution des travaux de dérivation des torrents de Saint-Julien et du Morel, ceux de Tête-Rousse et aussi les travaux de reboisement entrepris dans le Diois et dans les Cévennes méridionales, notamment dans le massif de l'Aigoual et la région de Saint-Pons.

Les effets des crues subites ont été très sensiblement atténués; les constatations effectuées en 1907 dans le Gard et l'Hérault sont bien faites pour l'établir.

L'opinion des populations s'est profondément modifiée, la confiance a pris la place de l'hostilité. Des communes, en grand nombre autrefois récalcitrantes, frappées des avantages du reboisement, assurées d'ailleurs de la modération et de l'esprit de large conciliation du Service forestier, demandent l'exécution de travaux chez elles.

C'est là un présage d'heureux augure qui ne peut qu'encourager l'Administration à persévérer dans la voie tracée pour régénérer les montagnes et assurer la sécurité des riches vallées.

Les dispositions de la loi de 1882 relatives au pâturage n'ont pu, malgré les efforts de l'Administration, donner toujours les résultats qu'on en attendait, par suite de l'opposition des populations montagnardes. Devait-on recourir à la coercition? Rien n'obligeait à marcher trop vite, à tout entreprendre à la fois; tout, au contraire, engageait à n'avancer que prudemment et progressivement dans une voie que l'étude du passé montrait pleine de difficultés et de dangers possibles. On a pensé qu'on obtiendrait bien plus par l'exemple que par la violence. Encourager, par de larges allocations, l'initiative individuelle, stimuler partout la bonne volonté, faire appel à l'intelligence et à l'intérêt bien entendu des collectivités et des particuliers : tel est le programme que l'Administration s'est imposé pour amener les populations pastorales à mieux comprendre l'utilité de la réglementation pour la rénovation des pâturages.

Les travaux d'améliorations pastorales, qui sont en quelque sorte la contre-partie nécessaire, la rançon des travaux de reboisement, ont reçu une plus grande extension; mais les conseils et les encouragements n'ont pu faire disparaître tous les obstacles qu'on a rencontrés pour la régénération des pâturages; on a fait le reproche aux travaux

d'améliorations pastorales de n'avoir qu'une durée éphé-
mère ; les habitudes des montagnards se prêtant mal à
l'amélioration du bien commun, on a proposé différents
remèdes. On a notamment demandé, pour combler les lacunes de la loi, de soumettre les pâturages communaux à « un régime pastoral » analogue au régime applicable
à la gestion des forêts communales.

La Commission extra-parlementaire instituée au Minis
tère de l'agriculture a porté spécialement son attention
sur cette question et recherché les moyens les meilleurs
de la solutionner.

Le Parlement sera prochainement mis à même de se
prononcer sur cette réforme.

Des mesures autres que celles qui touchent à la régénération des montagnes sont-elles encore à prendre
pour améliorer la législation existante ? Ne reste-t-il rien
à faire notamment pour assurer la conservation des forêts ?

Je ne doute pas que, dans sa haute compétence, la
Commission ne vous soumette des projets de nature à sa-
tisfaire aux exigences d'une situation commandée par
l'intérêt public, sans compromettre les droits des propriétaires.

A cette assurance, je dois en ajouter une autre, c'est
que, quelle que soit la décision qu'adoptera le Parlement,
les agents des Eaux et Forêts chargés de l'application des
lois qui touchent à un si haut degré à la sécurité et à la
propriété nationale continueront à apporter, dans l'accom-
plissement de leurs devoirs, le plus absolu dévouement et

montreront, comme par le passé, qu'ils sont les dignes servi-
teurs de la République.

Veuillez agréer, Monsieur le Ministre, l'hommage de
mon respectueux dévouement.

Le Conseiller d'État,
Directeur général des Eaux et Forêts,

L. DAUBRÉE.

INTRODUCTION.

La nécessité du boisement des montagnes a toujours été reconnue. Ainsi, d'après Pline, «souvent après l'abatage des bois qui couvraient une colline, et qui retenaient les nuages et s'en alimentaient, on a vu se former des torrents désastreux»[1].

Bernard Palissy (1510-1590) considérait la question du déboisement d'un point de vue spécial; il estime que les forêts, quelle que soit leur situation, sont indispensables à l'industrie et qu'il est par suite nécessaire de les conserver. «Et quand je considère la valeur des plus moindres gittes des arbres ou espines, je suis tout émerveillé de la grande ignorance des hommes, lesquels il semble qu'aujourd'hui ils ne s'estudient qu'à rompre, couper et déchirer les belles forests que leurs prédécesseurs avaient si précieusement gardées. Je ne trouverays pas mauvais qu'ils coupassent les forests pourvu qu'ils en plantassent quelque partie après : mais ils ne se soucient nullement du temps à venir, ne considérant point le grand dommage qu'ils font à leurs enfants à l'avenir. Je ne puys assez détester une telle chose et ne la puys appeler faute, mais une malédiction et un malheur à toute la France, parce qu'après que tous les bois seront coupez, il faut que les arts cessent et que les artisans s'en aillent paître l'herbe, comme fit Nabuchodonosor».

Dans un mémoire postérieur, il a indiqué le rôle protecteur des arbres sur les pentes.

[1] P. M. Weyd, *Pline, études d'archéologie forestière.* Poitiers, 1897.

Depuis son époque, de nombreux actes ont eu pour objet la conservation des terrains en montagne[1]. On peut citer, entre autres, un arrêt du 22 mai 1718 du Parlement du Dauphiné portant interdiction de « défricher et faire défricher dans les lieux penchans et montueux, comme aussi d'arracher et déraciner aucun arbre ni arbrisseau, vif ou mort, dans lesdits lieux, à peine de 30 livres d'amende contre les contrevenants et de confiscation des fruits qui proviendront dans les défrichements ».

Un arrêt du Conseil du 12 octobre 1756 défend, en ce qui concerne la province du Languedoc, de « défricher aucune terre plantée en bois sur les montagnes, ou dans la plaine, sous peine de 50 livres d'amende pour chaque arpent de défrichement, et d'être la terre défrichée remise en bois aux frais et dépens de ceux qui auront fait faire ledit défrichement, et défend aussi, sous les mêmes peines, même de dommages-intérêts envers les communautés, de faire aucun défrichement des landes, garrigues, bruyères et autres terrains situés sur le penchant des montagnes et collines et d'y cultiver lesdites terres ». Cet arrêt est basé sur les considérations suivantes : « L'usage s'introduit depuis quelques années de défricher et cultiver les montagnes et il en résulte des préjudices infinis, tant par la privation des bois de toute espèce, dont la disette se rend de jour en jour plus sensible, que par la destruction des pâturages, la dégradation des fonds et héritages causées par les terres et les graviers que les pluies entraînent, et par le rehaussement des lits des rivières et ruisseaux qui les reçoivent et en augmentent les inondations ».

En 1791, un membre du Directoire du département de

---

[1] Voir M. Guichet, *Législation de la restauration et de la conservation des terrains en montagne*. Nancy, 1887.

l'Yonne a fourni sur la question du reboisement un rapport qui n'est pas sans intérêt[1].

« Si les moyens qui assurent la prospérité d'un empire méritent les éloges du gouvernement, ceux qui préviennent sa ruine, qui fondent sa stabilité et assurent à son sol une fécondité continue dans toutes ses parties, ne sont pas moins précieux; les premiers font jouir de l'édifice, les seconds le conservent. Les premiers consistent dans le desséchement des marais, la culture annuelle et non triennale des terres, les digues opposées aux ravages des torrents, le comblement des ravines et des précipices, la construction des chemins de communication, la navigation des rivières; les seconds, dans la conservation des montagnes et des bois qui les couvrent.

« On ne s'occupe ici que de cette partie. On va traiter : 1° de l'influence des montagnes chevelues sur un État; 2° des dangers qui accompagnent leur ruine; 3° de l'état des montagnes dans ce département et dans plusieurs provinces du royaume; 4° des moyens de les rendre à leur destination primitive et de leur restituer la fécondité qu'elles ont perdue.

« 1° Les montagnes — celles des pays nouvellement découverts en sont la preuve — étaient dans l'origine revêtues d'une couche épaisse de terre. Le roc dépouillé qu'elles présentent aujourd'hui en plusieurs points en était le noyau et les forêts qui les couvraient s'élançaient vers les nues. Ces grands arbres, dont les monts étaient hérissés, attirant les vapeurs des pluies et l'humidité de l'air, étaient autant de points intermédiaires entre le ciel et la terre, autant de conducteurs qui attiraient les influences vivifiantes et les transmettaient aux terres inférieures; elles se conservaient dans une couche épaisse et spon-

[1] Rapport du 5 avril 1791.

gieuse qu'un feuillage touffu garantissait des rayons du soleil ; des fontaines jaillissaient à la ceinture des montagnes.

« Le Morvand, où elles ont conservé leur chevelure, offre encore ce spectacle. Dans les cantons voisins où les montagnes, devenues chauves, n'offrent plus qu'un roc aride qui était la charpente de l'ancien sol, on ne voit plus de fontaines, on en distingue seulement les vestiges, les restes des bassins en plusieurs endroits, et la retraite des eaux a été suivie de la sécheresse et de la stérilité qui l'accompagne. Enfin est arrivé l'état de stérilité et de mort absolue. On sent, d'après cet exposé, de quel intérêt sont les montagnes boisées dans un État, et quelle influence elles ont sur sa prospérité par la conservation du terrain, la valeur des bois et la distribution des eaux, principe de toute navigation, de toute fécondité. Ce principe fondamental de la prospérité des empires n'a pas échappé aux anciens... Ce principe avait rendu florissante la Haute-Asie ; son inobservation l'a changée en sables et en déserts.

« 2° Ce pays n'est pas le seul qui en ait souffert...

« 3° Approprions-nous ces réflexions générales et appliquons-les à notre pays. Du temps de nos pères, nos montagnes rafraichissaient et nourrissaient cette contrée, mais leurs descendants ont tari cette source de prospérité en les déchirant avec le fer de la charrue et plus encore avec la pioche du vigneron... C'est une dégradation dans l'édifice qui sollicite une réparation ; quelque difficile qu'elle soit, elle n'est pas impossible. Le patriotisme peut tout entreprendre et l'art tout tenter.

« 4° Le secret de l'art sera de replanter les bois sur ces montagnes arides, de rendre à la vie végétale ces lieux frappés de mort.

« L'œuvre du patriotisme sera d'appliquer ses forces à l'exécution d'un aussi grand projet, d'assortir les travaux à la grandeur, à la difficulté de l'entreprise. Le dessein de faire reverdir les végétaux sur les montagnes stériles n'est pas conçu sur un plan gigantesque. Plusieurs de ces montagnes conservent encore assez de terre pour se prêter au succès de la plantation... Si nous voulons commencer un nouvel ordre de choses, préparer sur un fonds qui s'épuise une jouissance sûre pour une longue prospérité, hâtons-nous, par ces réparations sages, d'imprimer sur ce sol dégradé le sceau conservateur du père de famille. C'est alors que les générations suivantes regarderont cet âge comme celui qui a le mieux mérité de la postérité, en embrassant, dans sa sollicitude, jusqu'aux moyens de remédier aux ravages des siècles.

«Les opérations de ce genre, qu'on tentera dans ce département, peuvent se répéter dans beaucoup d'autres avec plus de besoin encore, car la quantité des terres montueuses que la stérilité a déjà frappées de mort monte à des millions d'arpents. Dans un État qui renferme une population aussi considérable, il ne doit pas exister de sol sans produit, et loin de rien laisser perdre de notre domaine, nous devons scruter d'un œil actif les moyens de l'accroître, à raison de l'augmentation de population que nous promet un avenir pacifique et la liberté des citoyens. Le premier principe d'un État qui veut conserver ses habitants est de conserver son sol. La population suit le moyen de subsistance et se perd sur un sol qui s'appauvrit. Dans ce moment où chaque département secondant les vues de l'Assemblée nationale lui propose des améliorations de toute espèce, nous lui offrons le projet que nous avons formé de rendre à la vie végétale des lieux frappés de mort, de reconquérir en quelque sorte notre domaine par la force de l'art, puisque c'est la seule conquête à laquelle notre constitution nous permette d'espérer. Si quelque chose peut faire juger de la Révolution, ce sera de voir cet État au sortir de son sein faire le premier essai de ses forces sur la nature, tenter des conquêtes civiques et donner, par la hardiesse et la nouveauté de l'entreprise, une idée de ses forces dirigées par des mains libres. »

D'après Fabre[1], le défrichement des bois et la culture des terres sur les pentes sont les causes de la formation des torrents : il faut donc « empêcher la coupe des bois sur les montagnes et réduire les défrichements à leurs véritables limites » et il y a lieu aussi « de boiser les montagnes ou de les gazonner ».

En ce qui concerne l'amélioration du régime des torrents, il s'exprime ainsi qu'il suit : « Il paraît que jusqu'à présent il n'y a qu'un seul moyen connu pour détruire les torrents. Ce moyen consiste à les prendre dès leur origine et à barrer leur lit d'espace en espace avec des pieux enfoncés en terre, entrelacés d'arbres placés en travers et recouverts de pierres. L'ensemble forme un obstacle qui arrêtera les eaux lors des orages et les forcera à déposer tout ce qu'elles charrient. A mesure que le fond s'exhaussera par les dépôts, on exhaussera aussi les ouvrages jusqu'à ce que le lit soit entièrement comblé. Alors, pour en prévenir une nouvelle formation, il sera très prudent de complanter cet emplacement en broussailles.

« Il y a des gens qui emploient des murs au lieu de palissades. Outre que cette méthode est plus coûteuse, elle est beaucoup moins efficace que celle des palissades, car les eaux, en franchissant le mur, forment une cascade qui l'affouille et en entraîne la ruine. »

Plus récemment, Surell a étudié dans les Alpes les parties constitutives des torrents et a déduit de ses observations les

---

[1] FABRE, *Essai sur la théorie des torrents et rivières*, an v.

règles que l'on suit actuellement et dont l'application a pour but de reconstituer les forêts en montagne et de protéger les plaines contre l'envahissement des laves, c'est-à-dire des matières détritiques entraînées par les eaux. Il a fait connaître en 1841 les résultats de ses recherches dans son mémoire sur les torrents des Hautes-Alpes. Cézanne a continué les études de Surell; Scipion Gras et Breton ont fourni des travaux importants sur les torrents. Mathieu, chargé en 1864 d'une mission en vue de rechercher les espèces végétales propres à assurer l'amélioration des pâturages dans les Alpes, a réuni ses observations dans un mémoire dans lequel il a traité, en dehors du programme qui lui avait été fixé, les questions qui lui ont semblé dignes d'intérêt en ce qui concerne la restauration des montagnes.

Costa de Bastelica a exposé en termes clairs et précis le problème de l'amélioration des torrents et a appliqué avec succès, dans le département des Hautes-Alpes, les principes qu'il avait énoncés.

Enfin Demontzey a rempli pour la restauration des montagnes le même rôle que Brémontier pour la fixation des dunes : on ne saurait l'oublier.

PREMIÈRE PARTIE

RENSEIGNEMENTS GÉNÉRAUX

—

108 PLANCHES DE REPRODUCTIONS PHOTOGRAPHIQUES

ET 3 CARTES

RESTAURATION

ET

CONSERVATION DES TERRAINS

EN MONTAGNE.

PREMIÈRE PARTIE.
RENSEIGNEMENTS GÉNÉRAUX.

CHAPITRE PREMIER.
LES PRÉCIPITATIONS ATMOSPHÉRIQUES ET LA VÉGÉTATION.

Si les précipitations atmosphériques donnent naissance aux manifestations torrentielles dans les régions montagneuses, il ne faut pas perdre de vue qu'elles permettent d'y créer des massifs boisés qui ont pour effet d'atténuer la violence des crues.

L'examen des conditions, assez obscures d'ailleurs, dans lesquelles se produisent les pluies, présente donc une double importance.

Il est surtout intéressant de suivre la marche d'une masse nuageuse ou, plus généralement, d'une masse d'air humide chassée par le vent contre un versant de montagne qu'elle remonte. A mesure qu'elle s'élève sa température diminue parce qu'elle trouve une région plus froide et surtout à cause de la détente résultant de la diminution de pression. Le point de rosée est bientôt atteint et la vapeur d'eau à l'état invisible se condense sous forme de nuage. L'énergie thermique accumulée lors de l'évaporation est alors libérée et compense en partie la diminution de température résultant du mouvement ascendant qui se continue ; d'autres causes,

1.

faciles à apercevoir, agissent dans le même sens, mais avec une moindre intensité.

Durant cette deuxième période la précipitation se produit habituellement. Dès que la pluie commence, l'eau dissout et entraîne jusqu'au sol l'azote nitrique et l'azote ammoniacal contenus dans l'atmosphère et aussi une partie de l'acide carbonique[1], puis la masse d'air appauvrie continue à s'élever et perd de plus en plus, sous forme liquide ou solide, la vapeur d'eau qu'elle renfermait. Entraînée par le vent qui l'a amenée, elle franchit la crête de la montagne, puis descend sur le versant opposé. Dans cette chute, l'air se réchauffe plus vite qu'il ne s'était refroidi pendant son mouvement d'ascension puisqu'il a perdu la plus grande partie de sa vapeur d'eau, de sorte que les vents frais et humides qui avaient frappé le versant opposé à leur direction apparaissent sur l'autre versant comme vents secs et chauds. Ces conditions spéciales exercent une certaine influence sur la végétation et il y a lieu d'en tenir compte dans les travaux de reboisement.

Comment se répartissent les pluies? Les régions de montagnes reçoivent une plus grande quantité d'eau que les plaines et cette quantité augmente avec l'altitude. Toutefois, ce dernier énoncé est trop général, ainsi que l'indiquent, entre autres, les observations suivantes effectuées en divers points de la partie occidentale des Pyrénées[2].

VALLÉES.	LOCALITÉS.	ALTITUDES.	HAUTEUR ANNUELLE DES PLUIES.
		mètres.	millimètres.
Gave d'Aspe.	Bedous.	415	1,830
	Peyranère	1,437	1,415
Gave d'Ossau.	Laruns.	522	1,707
	Gélan.	848	1,560

[1] D'autres causes interviennent encore pour abaisser la teneur de l'air en acide carbonique pendant la pluie.

[2] BELLEVILLE et MASSENET. *Observations sur les cours d'eau et la pluie dans le bassin de l'Adour.*

VALLÉES.	LOCALITÉS.	ALTITUDES.	HAUTEUR ANNUELLE DES PLUIES.
		mètres.	millimètres.
	Orthez.............	81	1,135
	Pau...............	194	951
GAVE DE PAU..........	Lourdes.............	400	1,322
	Argelès.............	454	578
	Luz	685	741
	Pic du Midi..........	2,859	1,500

On peut se demander à partir de quelle altitude la quantité de pluie annuelle commence à diminuer. Cette limite paraît indiquée, dans les régions des Alpes et des Pyrénées, par la limite même des forêts, soit 2,000 mètres environ. Un certain nombre d'essences forestières dépassent cette altitude et se rencontrent au delà de 2,400 mètres, mais les arbres ne forment plus de massifs complets; ils sont distribués par bouquets d'abord, puis par pieds isolés.

Cette considération n'a qu'une importance secondaire en ce qui concerne les torrents, car un seul orage survenu au-dessus de la région des forêts peut suffire pour déterminer une crue dangereuse, comme cela s'est produit dans le bassin du Charmaix en 1906.

Outre la pluie, il faut tenir compte de la vapeur d'eau fixée par le sol et par la végétation qu'il supporte : c'est ainsi que l'humidité de la terre végétale persiste pendant l'été et que les plantes se procurent une partie de leur eau de végétation. De plus, la transpiration cesse lorsque les feuilles sont mouillées par la rosée et par suite la consommation d'eau est réduite dans une notable proportion.

Ce mode d'alimentation présente une importance particulière pour les travaux de restauration. D'après M. Millot, on peut en effet diviser la France en deux zones : l'une à pluies à peu près également réparties entre les différentes saisons s'étend au Nord du 45ᵉ degré de latitude, l'autre, située au Sud de la première, présente des pluies d'hiver, de printemps et d'automne, mais pas ou peu de pluies en été [1]. Les reboisements s'effectuant dans cette dernière zone, il en résulte que la production de la rosée y est d'une grande utilité.

D'où provient la vapeur d'eau atmosphérique? Sa présence s'explique par l'évaporation qui se produit à la surface des mers et des lacs, puis des cours d'eau, des marais, etc.; le sol lui aussi imprégné par les pluies restitue à l'air une partie des précipitations météoriques et il en est de même des végétaux par le fait de la transpiration.

On a constaté en certains points des Alpes le recul de la végétation forestière. Cette marche rétrograde est attribuée par certains auteurs à l'intervention de l'homme et par d'autres à une modification de climat due à une plus grande sécheresse de l'air.

Les deux opinions paraissent pouvoir se concilier dans une certaine msure. Le desséchement des marais et des étangs, le drainage des terres, le curage et la rectification des cours d'eau, enfin les défrichements de forêts, ont en effet pour conséquence la diminution de la quantité de vapeur d'eau qui s'élève dans l'atmosphère : c'est une intervention indirecte.

L'intervention directe se manifeste dans les régions de montagne par la coupe des arbres aux abords de la limite des forêts, par l'exercice non réglementé du pâturage et dans certains cas par une trop grande prudence dans les opérations forestières, comme l'a indiqué M. Thirion. « Il faut éviter dans la montagne de trop laisser, par excès de prudence, vieillir sur pied les massifs de futaie. Les arbres sur le retour ne donnent plus que de la graine sans vitalité qui ne peut assurer la perpétuation de la forêt; le peu de graine saine qui parvient au sol n'est pas suffisant, sous un climat toujours rigoureux, pour donner des semis susceptibles de garnir le terrain.

[1] MILLOT. *Cours de météorologie professé à la Faculté des sciences de Nancy.*

Si donc le massif n'a pas été entr'ouvert lorsque les arbres qui le constituent étaient encore en pleine vigueur, on peut affirmer que le semis ne se produira pas ou qu'il sera incomplet; si en même temps, comme cela n'arrive que trop souvent, la forêt a été livrée au parcours c'est la ruine qui se trouve consommée.

« C'est à ce fait qu'il faut attribuer dans beaucoup de cas ce qu'on a appelé le recul de la végétation forestière dans la haute montagne; le massif n'ayant pas été desserré lorsque les arbres étaient sains et vigoureux et le pâturage n'ayant pas été interdit, des surfaces recouvertes de vieux massifs n'ont pu se réensemencer et la forêt a été condamnée à disparaître[1]. »

M. Flahaut a fourni sur ce sujet, au Congrès international de sylviculture tenu à Paris en 1900, une note très instructive qu'il faudrait citer en entier : on se contentera, toutefois, d'en extraire le passage qui suit. « Dans les basses montagnes, le passage du climat de la plaine à celui des hauteurs est tout d'abord favorable à la végétation ligneuse. A mesure qu'on s'élève, la pression diminuant, la capacité de l'air en vapeur d'eau est moindre, les pluies sont moins fréquentes et moins abondantes, les vents plus forts activant la transpiration. Ces conditions sont défavorables à la végétation ligneuse; en s'exagérant, elles lui deviennent fatales et l'empêchent complètement; elles sont, au contraire, favorables à la végétation herbacée. A partir d'un certain niveau qui varie suivant la situation géographique des montagnes, suivant les conditions climatiques, suivant les détails topographiques mêmes, la végétation ligneuse est donc impossible.

« Les différences que présente la physionomie de la flore traduisent de la manière la plus exacte les différences climatiques; mais aucune espèce, prise isolément, ne fournit un sûr critérium pour la distinction des zones naturelles de végétation. La physionomie de la flore est déterminée par l'association d'un certain nombre

[1] THIRION. Rapport de tournée 1906.

d'espèces vivant ensemble, dans une dépendance nécessaire les unes des autres; les besoins de chaque espèce prise isolément variant dans des limites plus étendues que ceux de l'association considérée dans son ensemble, l'association exprime mieux qu'une espèce quelconque les rapports entre la végétation et l'ensemble des causes qui agissent sur elle. Ni le mélèze, ni le pin de montagne, ni le pin cembro ne permettent, par eux-mêmes et à eux seuls, de fixer la limite supérieure de la végétation arborescente; alors même qu'ils n'auraient pas été détruits par l'homme, ils n'occupent pas tous les points, toutes les stations de la zone qui leur est affectée. Ils sont éliminés ici par la nature du sol, là par l'exposition, ailleurs par la violence des vents ou par l'action réitérée des avalanches. La limite supérieure de la végétation forestière est marquée par la limite des forêts de pin de montagne, de mélèze, d'épicéa ou de pin cembro et des associations dont ces arbres sont les termes principaux. Que l'espèce principale manque, son cortège habituel persiste et marque à sa place la zone naturelle dont il s'agit. C'est la zone subalpine; elle est donc très nettement caractérisée dans nos hautes montagnes de France [1]. »

En ce qui concerne la distribution des plantes suivant l'altitude, M. Houdaille a donné l'exemple suivant : « Sur les flancs du Canigou, dans les Pyrénées-Orientales, l'olivier s'arrête à 420 mètres, la vigne à 550 mètres, le châtaignier à 800 mètres, l'orge et la pomme de terre à 1,640 mètres, le pin à 2,430 mètres et le rhododendron à 2,540 mètres [2]. »

---

[1] Voir sur le même sujet : W. KILIAN et J. RÉVIL. *Études géologiques dans les Alpes occidentales;* t. I, Paris, 1904.

[2] F. HOUDAILLE. *Météorologie agricole.* Paris, 1900.

CHAPITRE II.

DÉGRADATION DES TERRAINS EN MONTAGNE.

Imbibition et ruissellement; éboulements et glissements de berges. — Neige
— Grêle. — Variations de température; vent. — Rupture de poches glaciaires. — Irrigations.

**Imbibition et ruissellement; éboulements et glisse-
ments de berges.** — On a vu dans le chapitre précédent que les
précipitations atmosphériques sont plus abondantes dans les régions
de montagne que dans les plaines.

Les eaux qui en proviennent se répartissent entre l'imbibition,
le ruissellement et l'évaporation.

L'eau d'imbibition est retenue par le sol et par la végétation qui
le recouvre; l'eau de ruissellement s'écoule suivant les pentes, sous
l'influence de la pesanteur.

L'évaporation intervient de son côté pour restituer à l'atmosphère une certaine proportion, souvent très élevée, des eaux
pluviales; elle se produit, soit directement, soit par l'intermédiaire
des végétaux.

Sur les roches compactes, abstraction faite de la faible quantité
qui mouille la surface ou qui est enlevée par l'évaporation, le
ruissellement entraîne la totalité de l'eau tombée.

Sur les terrains perméables au contraire, surtout lorsqu'ils sont
boisés, l'influence de l'imbibition est prédominante.

Dans une forêt, l'eau atteint d'abord l'appareil foliacé et l'écorce
des arbres, elle arrive ensuite à la couverture qui en retient une
partie et qui s'oppose à l'écoulement rapide du liquide demeuré
libre, puis au terreau et au sol qu'elle imbibe et enfin aux couches
sous-jacentes où elle parvient en suivant les racines dans leur trajet
souterrain.

L'évaporation et la transpiration interviennent de leur côté pour restituer à l'atmosphère une fraction importante de l'eau tombée.

Mais il ne faut pas perdre de vue que l'influence d'un massif boisé ne se manifeste telle qu'elle vient d'être définie que lorsqu'il s'agit d'une forêt proprement dite, avec sa couverture vivante, sa couverture morte, sa couche de terreau, son sol enfin traversé par de longues et fortes racines issues de souches âgées. Les reboisements ne commencent à présenter les mêmes conditions qu'après un certain nombre d'années, cinquante ans environ dans les circonstances favorables, et les arbres disséminés ne les présentent jamais que dans une faible mesure [1].

Certains terrains, les dépôts glaciaires surtout, imbibés d'eau jusqu'à saturation fluent parfois et s'écoulent suivant les pentes. Il peut arriver aussi qu'ils glissent sur une couche imperméable.

D'autres fois, au sommet des berges des ravins, les eaux s'infiltrent dans le sol à une certaine distance et délaient l'argile; il se forme ainsi une crevasse qui peu à peu sépare de la berge une masse de terre dont le volume est souvent considérable.

Le ruissellement produit aussi des effets d'une autre nature.

A la suite des pluies prolongées ou des fortes pluies d'orage, les eaux décapent la surface du sol et entraînent dans les thalwegs les particules terreuses et les menus matériaux provenant de ce décapage, puis, leur concentration étant effectuée, elles attaquent par affouillement et par érosion le lit et les berges des ravins, se chargent des produits des éboulements ou des glissements provoqués par ces phénomènes concomitants et forment ainsi des laves qui s'épanouissent dans les vallées sous forme de deltas et qui arrivent en partie aux cours d'eau dont elles troublent le régime.

[1] Voir H. LAFOSSE. *Sur le rôle des forêts au point de vue des services indirects.* (Congrès de Rome.) Nancy, 1903. — *Influence de la destruction des forêts et du desséchement des marais sur le régime et le débit des rivières.* (Congrès de Milan.) Bruxelles, 1905.

Comment peut-on définir les éboulements et les glissements? Quand un ravin est creusé par les eaux dans un versant, les terres se maintiennent sous l'influence de la cohésion tant que la profondeur n'a pas atteint une certaine valeur dépendant de leur nature. Lorsque la hauteur limite est atteinte et que de plus la cohésion est diminuée par les alternatives de température et par les pluies, des prismes de terre se détachent successivement jusqu'à ce que le talus ait atteint la pente correspondant à l'inclinaison naturelle des terres.

C'est ce phénomène temporaire que l'on désigne sous le nom d'éboulement : il présente le danger de fournir les éléments d'une lave lorsqu'il se produit à la suite de pluies intenses et prolongées.

Mais il peut se faire que le creusement du lit ait atteint une couche imperméable, un banc d'argile, par exemple, sur laquelle reposent des terres perméables. Dans ce cas, à la suite de la pénétration de l'eau dans des crevasses supérieures, la berge entière avec le versant qui la prolonge peut se déplacer sous l'action de la pesanteur et donner lieu à un glissement : les terres descendues dans le ravin sont délayées et entraînées par les eaux, puis remplacées par de nouveaux matériaux.

Les glissements sont des accidents plus dangereux que les éboulements, mais ils sont beaucoup moins fréquents.

Dans certaines conditions de relief et de pente, les boues glaciaires et les anciens dépôts torrentiels sont parfois l'objet d'une action particulière du ruissellement. Par suite de l'ablation par l'eau courante les parties saillantes comprises entre les sillons creusés par les eaux sur un versant vont en s'amincissant en même temps que ces sillons deviennent plus profonds, et cette action répétée donne lieu, au bout d'un certain temps, à la production d'arêtes effilées, d'aiguilles et de pyramides. Ces pyramides, qui atteignent parfois 40 mètres de hauteur, sont ordinairement surmontées d'une large pierre plate. On en voit de beaux spécimens à

Saint-Julien (Savoie), à Théus (Hautes-Alpes) et à Escaro (Pyrénées-Orientales).

Il arrive assez souvent aussi que des roches résistantes sont
mises en relief, par suite de l'action des agents de démolition,
sous forme de falaises ou bien sous forme de pyramides ou d'aiguilles.

Neige. — La fonte des neiges occasionne fréquemment des
crues, surtout lorsque les eaux qui en proviennent s'ajoutent à
celles qui sont dues à de fortes pluies. Ces eaux imbibent quelquefois les terres jusqu'à saturation et provoquent, selon les circonstances, des éboulements ou des glissements : le Laou d'Esbas,
vaste combe torrentielle située en amont de Bagnères-de-Luchon
(Haute-Garonne), s'est ainsi formé de toutes pièces en une seule
nuit du printemps de l'année 1865.

De plus, la neige forme des avalanches qui glissent sur les
versants en les dégradant et entraînent dans les thalwegs les matériaux qu'elles ont arrachés à la surface du sol.

Grêle. — La grêle agit mécaniquement en détachant des falaises
rocheuses les fragments peu stables, et en mettant en mouvement,
après les avoir déchaussés, les blocs gisant sur les pentes; elle
ameublit aussi le sol et accroît par suite l'action érosive des eaux.

Les chutes de grêle sur les roches schisteuses contribuent, pour
une assez large part, à leur désagrégation superficielle.

Variations de température; vent. — La disposition des
roches en feuillets inclinés sur l'horizon est de nature à faciliter
dans une large mesure leur désagrégation par les effets successifs
de la gelée et du dégel. L'eau provenant de la fusion de la neige
sous l'influence de la chaleur solaire pénètre dans les joints qui
séparent les feuillets, puis elle se congèle par suite du refroidis-
sement nocturne et les fissures sont élargies par la force d'expan-

sion de la glace : le dégel intervient ensuite pour supprimer la cohésion due à l'eau congelée. Le même phénomène se produisant à intervalles répétés, par suite des variations quotidiennes de température, des blocs finissent par se détacher des masses rocheuses dont ils faisaient partie. Le plus souvent ces blocs roulent sur les pentes ou sont entraînés par les avalanches. Ceux qui restent sur place se fragmentent et forment des graviers ou des sables anguleux.

Cette action de la gelée et du dégel s'exerce avec une intensité toute particulière sur les roches argilo-calcaires dans lesquelles les éléments constitutifs ont une capacité pour l'eau très différente.

D'une manière générale, les roches sont désagrégées par les alternatives de gelée et de dégel ou de sécheresse et d'humidité, et par les variations brusques de température.

Le vent est un agent de dénudation souvent très actif.

Rupture de poches glaciaires. — Il arrive quelquefois qu'une masse d'eau considérable s'accumule dans une cavité sous-glaciaire communiquant par une crevasse avec l'extérieur. Si, par suite du mouvement de la glace, cette poche s'approche du front du glacier, il peut se faire que la paroi inférieure se détache brusquement en laissant échapper le liquide emmagasiné, d'où résultent l'érosion des terrains inférieurs et le transport des matériaux précédemment entraînés dans les thalwegs par suite de causes diverses.

Irrigations. — Les dégradations dues aux irrigations proviennent de deux causes distinctes.

Dans les régions montagneuses, les terres cultivées sur les versants sont souvent très abondamment arrosées sans que les eaux d'irrigation soient recueillies.

Il arrive aussi que les canaux ne sont pas suffisamment étanches et perdent une quantité d'eau appréciable.

Dans les deux cas les terres peuvent être imbibées avec excès, de manière à fluer ou à glisser selon les circonstances.

Il existe d'autres causes d'usure du sol et d'altération des roches, mais elles agissent plus lentement et avec moins d'intensité que celles qui viennent d'être signalées. (Planches 1 à 6.)

Phototypie Berthaud, Paris.

1. Périmètre de Durance-Luye (Hautes-Alpes): Série de Théus. — Effets du ruissellement. Boues glaciaires.

2. Périmètre de l'Arc Supérieur. Série de Saint-Julien. — Effets du ruissellement. Boues glaciaires.

3. Périmètre de la Tet Inférieure. (Pyrénées-Orientales). Série d'Escaro. — Effets du ruissellement. Glaciaire ancien.

4. Périmètre de l'Arc Inférieur (Savoie). Série de Saint-Jean-d'Arves. — Effets du ruissellement. Limons et cailloutis pleistocènes.

5. Périmètre du Drac-Ebron (Isère). La Grande Demoiselle d'Entraigues
Couches oxfordiennes.

6. Périmètre du Drac Supérieur (Hautes-Alpes). Série de Saint-Michel-de-Chaillol.
Aiguille. Molasse tertiaire.

CHAPITRE III.

TERRAINS DES RÉGIONS TORRENTIELLES.

RÉGION DES ALPES. — Terrain primitif. — Groupe primaire. Système permocarbonifère. — Groupe secondaire. Système triasique, — Série jurassique. Système liasique, — Système oolithique. — Série crétacée. Système infracrétacé. — Système crétacé. — Groupe tertiaire. Système éocène. — Système oligocène. — Système miocène. — Système pliocène, — Dépôts quaternaires. — Dépôts récents. — Roches éruptives. — Résumé [1].

RÉGION DES CÉVENNES ET DU MASSIF CENTRAL. — Terrain primitif. — Groupe primaire. Systèmes cambrien, silurien et dévonien. — Système permocarbonifère. — Groupe secondaire. Système triasique. — Série jurassique. Système liasique. — Système oolithique. — Série crétacée. Systèmes infracrétacé et crétacé. — Groupe tertiaire. — Dépôts quaternaires et récents. — Roches éruptives. — Résumé.

RÉGION DES PYRÉNÉES. — Terrain primitif. — Groupe primaire. Système cambrien. — Système silurien. — Système dévonien. — Système permocarbonifère. — Groupe secondaire. Système triasique. — Série jurassique. — Système infracrétacé. — Système crétacé. — Groupe tertiaire. — Dépôts quaternaires et récents. — Roches éruptives. — Résumé.

Observations relatives aux terrains calcaires.

RÉGION DES ALPES.

Terrain primitif. — Les schistes cristallins du terrain primitif sont résistants, mais leurs feuillets sont souvent inclinés sur l'horizon, parfois verticaux, et par suite ils se délitent et se fragmentent assez rapidement.

[1] Voir pour renseignements précis sur la partie septentrionale de la région des Alpes les travaux remarquables de MM. Kilian et Révil : *Études géologiques sur les Alpes occidentales. Contribution à la géologie des chaînes intérieures des Alpes françaises*, par W. KILIAN et J. RÉVIL. Paris, 1904 et 1908.

Les eaux provenant des pluies ou de la fusion des neiges ruissellent sur ces terrains imperméables, en entraînant les matériaux
gisants à la surface, et parviennent avec toute leur violence aux
régions inférieures où elles rencontrent souvent des sols peu résistants qu'elles sillonnent de ravinements.

Groupe primaire. Système permo-carbonifère. —
Le système permo-carbonifère est représenté par des grès à anthra-
cite assez résistants et par des schistes de teintes variées facilement
délayables.

Plusieurs vallées assez importantes, notamment la vallée de
l'Arc de Saint-Michel à Modane et celle de la Clarée au-dessus
de Névache, sont creusées en partie dans le grès houiller.

Groupe secondaire. Système triasique. — Le trias
présente souvent des grès durs et des quartzites à la base, puis
successivement des dolomies et des cargneules, de puissants amas
de gypse et d'anhydrite et des schistes bariolés.

Les dépôts de gypse, parfois salifères, sont intercalés dans des
schistes gris micacés ou schistes lustrés.

Les schistes se désagrègent facilement; les gypses dissous par
les eaux météoriques peuvent donner lieu à des effondrements.

Série jurassique. Système liasique. — Les couches
du lias inférieur et du lias moyen se composent de schistes noirs
et de calcaires, et quelquefois de lits marneux.

Mais c'est surtout le lias supérieur qui présente de l'importance
au point de vue torrentiel. Il comprend à la base un calcaire
marneux au-dessus duquel se trouvent des schistes noirs dont
l'épaisseur atteint jusqu'à 200 mètres aux environs de Digne. Ces
schistes, très communs dans les Hautes-Alpes et surtout dans les
Basses-Alpes, font partie des « terres noires »; ils sont très friables
et très facilement ravinés par les eaux quand ils sont dénudés.

Système oolithique. — Le bajocien et le bathonien renferment des marnes, des calcaires durs, des calcaires marneux noduleux et des schistes noirs d'une grande épaisseur.

Le bathonien, le callovien et l'oxfordien forment dans l'Embrunais, y compris la vallée de Barcelonnette, un ensemble extrêmement puissant de marnes et de schistes noirs désignés sous le nom de « terres noires ».

Ces terres noires sont encore moins résistantes que celles qui sont formées par les schistes du lias supérieur; elles sont entrecoupées de nombreux ravins et il est très difficile d'y installer la végétation forestière ou herbacée.

Les termes supérieurs du jurassique sont à l'état de calcaires marneux et de calcaires compacts, surmontés par le calcaire de Berrias. Ces assises calcaires forment des escarpements.

Série crétacée. — **Système infracrétacé.** — Le néocomien comprend des marnes et des calcaires marneux, intercalés le plus souvent entre des calcaires assez résistants. Par suite de cette disposition les couches tendres apparaissent sur des étendues assez faibles.

L'urgonien est généralement représenté par des calcaires blancs compacts. Sur certains points des marnes sont comprises entre deux assises de calcaire.

L'aptien comprend des calcaires marneux, et surtout des marnes classées dans les « terres noires » comme les marnes callovo-oxfordiennes. Ces terres noires sont extrêmement friables, mais elles ne présentent souvent que de faibles épaisseurs et forment par suite des ravins peu profonds.

L'albien, peu développé, est représenté par des sables micacés et des grès glauconieux.

Système crétacé. — Le cénomanien comprend des grès, des sables, des marnes et des calcaires marneux.

IMPRIMERIE NATIONALE.

Les trois étages supérieurs du crétacé renferment aussi des grès et des sables, mais surtout des calcaires marneux, souvent de teinte très claire.

Groupe tertiaire. Système éocène. — Le type alpin de l'éocène est caractérisé par les couches nummulitiques et par le flysch. Les premières se composent de calcaires, de marnes, de schistes, de conglomérats et de grès bruns résistants.

Le flysch, superposé aux couches précédentes, est formé de schistes et de grès schisteux, dont l'ensemble atteint une grande puissance dans la partie centrale de la région des Alpes, où il constitue les bassins de réception de torrents importants.

Système oligocène. — Les deux étages de l'oligocène sont représentés dans la région des Alpes par la succession suivante : calcaires blanchâtres avec marnes et gypses, sables marneux avec grès, calcaires avec lits marneux et marnes grises.

On rencontre aussi des calcaires marneux avec conglomérats, puis des grès schisteux surmontés de calcaires marneux.

Des couches de lignite sont quelquefois intercalées entre les couches calcaires ou marneuses.

Ces terrains, peu résistants dans leur ensemble, sont facilement ravinés.

Système miocène. — Les deux étages supérieurs du miocène comprennent des conglomérats, des molasses, des sables, des grès, des calcaires et des marnes : les marnes lacustres supérieures renferment quelquefois des lignites.

A ces couches se rattache le banc puissant de poudingues à cailloux impressionnés, qui occupe une assez grande surface dans le sud du département des Basses-Alpes.

Système pliocène. — Le pliocène est représenté par des

assises caillouteuses, les autres couches étant situées en dehors de
la région des torrents.

Dépôts quaternaires. — Les dépôts quaternaires comprennent des alluvions anciennes, des dépôts torrentiels et de ruissellement et des dépôts glaciaires. Les premières sont disposées à partir du fond des vallées en terrasses successives composées de graviers, de sables et de limons, les autres couches consistent en laves torrentielles anciennes et dépôts meubles sur les pentes, et en moraines et conglomérats glaciaires reposant souvent sur des alluvions anciennes; il faut y adjoindre des éboulis sur les pentes.

Les dépôts glaciaires anciens constitués par des bancs peu résistants renfermant des blocs de toutes grosseurs, pas très volumineux généralement, sont très abondamment répartis dans la région des Alpes. Leur puissance, subordonnée dans une certaine mesure au relief du terrain qui les supporte, peut dépasser 100 mètres : elle est assez faible sur de très fortes pentes.

Les dépôts torrentiels consistent en laves anciennes à l'état de brèches, souvent peu consistantes.

Les dépôts de ruissellement présentent sur les versants la même disposition que les alluvions des vallées.

Les placages d'éboulis sur les pentes se rencontrent au pied ou à proximité des falaises rocheuses qui en ont fourni les principaux éléments : ils sont très facilement attaqués par les eaux courantes.

Dépôts récents. — Les couches récentes comprennent des alluvions, des dépôts de ruissellement, des dépôts torrentiels, des dépôts morainiques et des éboulis. Les dépôts morainiques récents n'offrent aucune résistance à l'action des eaux.

Les fragments de roches de toutes grosseurs qui constituent les éboulis sont stables lorsqu'ils s'accumulent sur un versant présentant une partie plane ou un banc rocheux en saillie; dans le cas contraire ils sont entraînés périodiquement dans les ravins par les eaux météoriques ou par les avalanches.

Les éboulis sur les pentes sont souvent mélangés de limons de ruissellement.

Les matériaux détritiques transportés par les torrents forment des deltas ou cônes torrentiels au fond des vallées.

Roches éruptives. — Les roches éruptives, granites et granulites, sont résistantes, mais elles se désagrègent souvent et contribuent ainsi à augmenter la masse des matériaux détritiques charriés par les eaux.

Résumé. — Les terrains qui se désagrègent le plus facilement sont les marnes, les schistes et les gypses du trias, les « terres noires » comprenant les schistes du lias, les marnes bathoniennes, calloviennes et oxfordiennes et les marnes aptiennes, puis les couches tertiaires, et enfin les éboulis, les dépôts de ruissellement et les dépôts glaciaires.

La très grande abondance des terrains de cette nature dans les Alpes explique l'intensité toute particulière des effets torrentiels dans cette région.

L'action des variations de température est très active et les matériaux qui en proviennent sont entraînés par les avalanches, ou par les pluies, qui ravinent en outre le sol.

Les pentes étant généralement fortes, les eaux dues aux orages ou aux pluies suffisamment prolongées se concentrent rapidement dans les thalwegs où elles se chargent des débris de toute nature résultant du décapage superficiel. Elles entraînent également les fragments rocheux qui s'y trouvent et les produits des éboulements et des glissements.

Les schistes noirs du lias se désagrègent en fragments minces et les versants qu'ils constituent sont parcourus par des sillons analogues à ceux que l'on observe dans les granites et les micaschistes de la région des Cévennes et du massif central.

Les autres terres noires sont encore plus sensibles aux influences atmosphériques et se décapent avec une très grande rapidité. Les couches de cette nature sont profondément ravinées lorsqu'elles sont dénudées.

Les dépôts meubles sont l'objet des mêmes phénomènes.

Les dépôts glaciaires surtout se dégradent avec une extrême facilité. Ces boues, souvent imbibées jusqu'à une grande profondeur par les pluies ou par les eaux provenant de la fonte des neiges, fluent lorsqu'elles ne sont pas retenues par la présence de la végétation. Les ravins qui les traversent s'approfondissent très rapidement et donnent naissance à des torrents qui transportent dans les vallées les matériaux détritiques provenant de l'écroulement de leurs berges.

Il peut arriver que des couches meubles perméables reposent sur une assise rocheuse inclinée ou sur une couche argileuse compacte. Dans ce cas, s'il se produit des infiltrations, des crevasses normales à la pente séparent des masses successives qui se détachent de l'ensemble et tombent au fond des ravins.

Les terrains instables donnent lieu fréquemment à la production de laves torrentielles.

Les fragments de roches de toute provenance accumulés dans les ravins et mélangés au produit du décapage des terres noires forment avec l'eau provenant des fortes averses une masse fluide qui s'écoule avec une vitesse plus ou moins grande selon la pente du lit et l'abondance de la pluie.

La teinte très foncée de ces laves est due à la présence de la boue provenant des terres noires.

Les terrains détritiques à éléments non cimentés, quelle que soit leur origine, et les couches facilement désagrégeables produisent aussi des coulées boueuses avec blocs que l'on désigne également sous le nom de laves.

La lave de Saint-Gervais, en 1892, a commencé à se former dans la masse des débris rocheux accumulés entre le pied du glacier de Tête-Rousse et le versant opposé de la montagne des Rognes, et elle a continué à se charger de matériaux dans la moraine à gros éléments qui constitue le lit et les berges des torrents de Bionnasset et de Bonnant.

La lave de Bozel, en 1906, s'est formée dans des débris morainiques surmontés de gros blocs situés sur la rive droite du torrent de Bonrieu. (Planches 7 à 24.)

RÉGION DES CÉVENNES ET DU MASSIF CENTRAL.

Terrain primitif. — Le terrain primitif des Cévennes se compose d'un ensemble puissant de gneiss, renfermant parfois des couches de leptynite intercalées, et de micaschistes surmontés dé schistes sériciteux.

Les schistes luisants des Cévennes, ou schistes à séricite, occupent une grande épaisseur ; ils deviennent micacés, avec bancs de quartzites interposés, au contact des roches éruptives.

Les divers gneiss, surmontés de micaschistes et quelquefois de schistes luisants, forment aussi le terrain primitif du Massif central. Sur certains points on y rencontre des gîtes de cipolin et de phyllades, de même d'ailleurs que dans les Cévennes.

Les gneiss granulitiques se désagrègent très facilement : la roche ancienne a été pénétrée par des filons de granulite qui en ont séparé les éléments et en ont détruit l'homogénéité.

Le sol formé par cette roche friable, qui n'offre pas de résistance aux agents atmosphériques, est assez profond, mais il est sans consistance et par suite très exposé aux effets de l'affouillement et de l'érosion dès que la pente s'accentue.

Les micaschistes sont également très exposés aux ravinements : les eaux pluviales y creusent rapidement des sillons nombreux et assez profonds.

Les schistes sériciteux de la Lozère sont friables et forment un sol léger, siliceux, analogue à celui que donne la désagrégation du

7. Périmètre de la Romanche (Isère). Série de Vaujany. — Gneiss et granite.

8. Périmètre de l'Arve (Haute-Savoie). Série de Saint-Gervais. — Micaschistes anciens, éboulis d'avalanches et moraine moderne.

9. Périmètre du Var Supérieur (Alpes-Maritimes). Série de Guillaumes. — Gypse et calcaire dolomitique du trias.

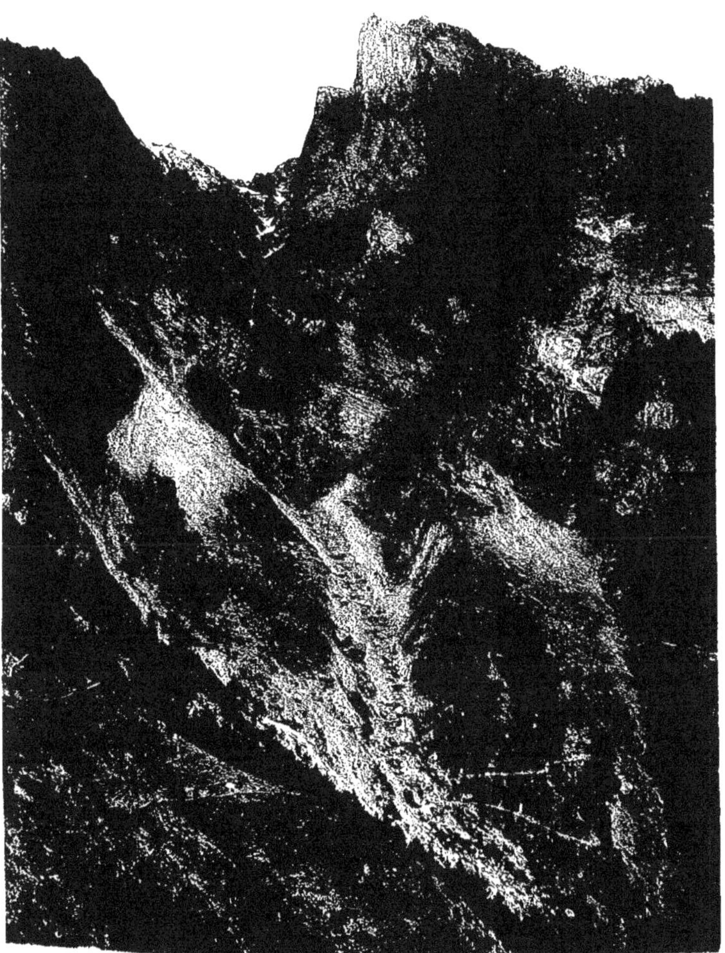

10. Périmètre de l'Arc Supérieur (Savoie). Série de Saint-Julien. — Calcaires et schistes du lias à la partie supérieure. Gypses et cargneules au pied de la falaise.

11. Périmètre du Var Moyen (Alpes-Maritimes). Série de Guillaumes. — Rochers
et éboulis dolomitiques du trias et du lias.

12. Périmètre de la Tinée (Alpes-Maritimes). Série de Saint-Étienne. — Trias et marnes jurassiques.

13. Périmètre de l'Arc Inférieur (Savoie). Série de Saint-Colomban-des-Villards — Schistes argilo-calcaires du lias.

14. Périmètre de l'Arc Supérieur (Savoie). Série de Saint-Julien. — Lias calcaire.

15. Périmètre de l'Ubaye (Basses-Alpes). Série de Barcelonnette. — Marnes callovo-oxfordiennes.

16. Périmètre du Drac-Ebron (Isère). Série de Tréminis.
Calcaires du jurassique et du crétacé (falaise).

17. Périmètre de l'Eygues (Drôme). Série de Châteauneuf-de-Bordette. — Crétacé inférieur et marnes aptiennes.

18. Périmètre du Verdon Moyen (Basses-Alpes). Série de Vergons.
Crétacé supérieur aux marnes aptiennes avec escarpement de calcaire nummulitique.

19. Périmètre du Var Moyen (Alpes-Maritimes). Série de Rigaud. — Marnes cénomaniennes
avec éboulis calcaires sénoniens.

20. Périmètre du Var Supérieur (Alpes-Maritimes). Série d'Entraunes. — Grès d'Annot.

21. Périmètre de l'Ubaye (Basses-Alpes). Série de Meyronnes. — Flysch.

23. Périmètre du Drac-Sauloise (Isère). Série de Pellafol. — Alluvions anciennes.

24. Périmètre du Drac-Bonne (Isère). Série de Lavaldens. — Granite.

granite. Ce sol offre peu de résistance à l'action des eaux : lorsque l'inclinaison des couches correspond à la pente des versants, des éboulements successifs se produisent souvent et mettent à nu la roche sous-jacente.

Dans le Gard, les schistes micacés qui forment le bassin supérieur de la Dourbie ont été soulevés par le granite porphyroïde du Lingas. Ces schistes, avec leur désagrégation irrégulière et leurs bancs de quartzites intercalés, forment une région très accidentée, présentant des crêtes déchiquetées et des versants difficilement accessibles. Les pentes sont couvertes de plaques schisteuses brillantes que les eaux entraînent avec la plus grande facilité.

Le bassin supérieur du Gardon est constitué par des micaschistes et des schistes micacés produisant un sol peu consistant qui recouvre le plus souvent un sous-sol imperméable.

Au Nord d'Auvers, les monts de la Margeride renferment des gneiss et des micaschistes. Ces roches sont peu résistantes et se désagrègent facilement pour former des terres sableuses que les eaux ravinent, même sur de faibles pentes, lorsqu'elles ne sont pas protégées par la végétation.

Groupe primaire. Systèmes cambrien, silurien et dévonien. — Le système cambrien est peu développé, mais on pourrait y rattacher les schistes divers qui surmontent les micaschistes.

Le versant du Sommail, qui constitue la partie la plus montagneuse du bassin supérieur de l'Orb, dans l'Hérault, comprend surtout des terrains primaires représentés par des schistes paléozoïques d'où provient un sol superficiel et peu résistant. Les mêmes terrains se rencontrent dans le bassin du Jaur, situé à l'Ouest du précédent.

Le bassin de la Cesse-Ognon présente des schistes siluriens avec quartzites. Ces schistes, fissurés et poreux, se désagrègent sous les influences atmosphériques. Ils se divisent d'abord en fragments de grosseurs variables, puis ils se transforment en argiles et en sables que le ruissellement entraîne facilement sur les pentes.

Il en est de même dans le bassin de l'Argent-Double, situé dans les départements de l'Hérault et du Gard.

Les terrains paléozoïques des époques silurienne et dévonienne qu'on y rencontre se composent surtout de schistes argileux rougeâtres très friables, dont la désagrégation produit un sol léger et sans consistance. D'une manière générale, dans les schistes argileux les variations de température donnent lieu à la production de fissures où l'eau s'infiltre et désagrège la roche par l'effet des alternatives de gelée et de dégel. Ils se réduisent rapidement en terre meuble et en argile. Le sous-sol étant imperméable, les eaux météoriques ruissellent à la surface où elles produisent des sillons, puis des ravins qui s'approfondissent de plus en plus.

Ce même bassin renferme aussi des bancs calcaires, d'une roche dure et compacte, formant des versants dénudés et des escarpements.

Système permo-carbonifère. — On peut rattacher à ce système le marbre griotte de Caunes (périmètre de l'Argent-Double dans l'Aude).

Les dépôts carbonifères sont assez largement représentés sur la bordure de la région, mais presque entièrement en dehors des bassins périmétrés.

Le permien comprend surtout des grès et des schistes.

Les bassins de l'Ardèche supérieure (Ardèche) et de l'Orb supérieur (Hérault) présentent des bandes de terrain houiller. On rencontre aussi quelques affleurements de grès houiller dans le bassin du Gardon de Saint-Jean (Gard).

Groupe secondaire. Système triasique. — Le trias se rencontre par places en bordure de la région des Cévennes et du Massif central.

Dans la région des torrents il ne se trouve guère que dans le bassin de la Lergue (Hérault) et dans la Lozère. Il est ordinairement représenté par des grès dans les gorges des causses et forme une zone étroite autour des terrains jurassiques : c'est la région des sources.

Série jurassique. Système liasique. — Le lias est peu développé en dehors de la région des causses, où il affleure sur une largeur qui peut atteindre 1 kilomètre.

Les bassins de l'Ouvèze et de l'Ardèche supérieure (Ardèche), et du Gardon de Saint-Jean (Gard), renferment quelques couches calcaires liasiques.

Dans les bassins de la Lergue et de l'Orb (Hérault), les étages inférieurs du lias sont représentés par des grès et des calcaires, ces derniers souvent dolomitiques.

Dans le bassin du Tarn (Aveyron), les couches moyennes du lias sont séparées, par des schistes à plaquettes blanchâtres et à escarpements verticaux, des couches supérieures formées par des terrains marneux et à fortes déclivités.

Le toarcien est représenté, dans les bassins du Valdonnez et du Tarn (Lozère), par des schistes avec calcaire.

Le versant du Larzac, dans le bassin de l'Orb supérieur (Hérault), comprend des terrains mésozoïques appartenant principalement aux couches inférieures et moyennes du lias; ils présentent des grès et des marnes, mais surtout des dolomies.

Les calcaires du lias offrent peu de résistance aux agents atmosphériques lorsqu'ils ne sont pas protégés par la végétation.

Système oolithique. — Le système oolithique est largement représenté dans la région des causses.

Les causses sont des plateaux séparés par des vallées profondes et étroites.

Ils sont formés d'une suite d'assises calcaires ou dolomitiques appartenant au bajocien, au bathonien et à l'oxfordien, et sont assez souvent couronnés par des escarpements ruiniformes de dolomie.

Ces plateaux arides, sans sources, ne présentent que quelques vallonnements peu importants. Les eaux pluviales pénètrent par les fissures des roches dans la profondeur des massifs. Le sol des causses de la Lozère n'est pas calcaire; c'est d'ailleurs un phénomène assez fréquent dans les terrains de cette nature.

Les vallées sont des gorges dont la profondeur atteint jusqu'à 5oo mètres et dont les parois sont quelquefois verticales et même en surplomb; les sources qui débitent les eaux pluviales recueillies à la surface et emmagasinées à la partie inférieure par l'intermédiaire des fissures et des canaux forment des cours d'eau qui coulent ordinairement sur le toarcien.

Les eaux provenant d'orages violents parviennent en grande partie au fond des vallées en suivant des chenaux creusés suivant la pente du terrain.

Les versants sont couverts de pierrailles dues à la fragmentation des roches par suite des variations de température et des alternatives de sécheresse et d'humidité, ou de gelée et de dégel. Ces pierrailles sont souvent accumulées en grande masse au pied des couloirs qui servent à l'évacuation des eaux d'orage.

Les étages supérieurs du système oolithique se trouvent en dehors de la région des torrents.

Série crétacée. Systèmes infracrétacé et crétacé. — Ces deux systèmes sont peu représentés dans la région des torrents. Pourtant on rencontre des couches marneuses et calcaires du néocomien dans les bassins de l'Ouvèze, de la Payre et du Lavezon (Ardèche), et des argiles rouges avec calcaire du cénomanien dans le bassin supérieur de l'Hérault (Gard).

Groupe tertiaire. — Les couches tertiaires sont dans le même cas que celles qui précèdent. On peut citer un schiste lignitifère du système oligocène dans le bassin de la Sioule; les filons et les poches de sable et d'argiles rouges, avec minerai de fer, qui se trouvent dans les calcaires secondaires des causses de la Lozère, peuvent être compris dans le même système.

Les argiles sableuses des bassins du Lignon et de la Loire supérieure sont rattachées à l'époque tertiaire.

Dépôts quaternaires et récents. — Les dépôts glaciaires sont très rares : on ne signale que les moraines de sables et blocs granitiques du bassin supérieur de la Dordogne.

On rencontre, au fond des vallées, des alluvions anciennes et récentes, et sur les versants des terrains d'éboulis anciens et récents.

Roches éruptives. — Les roches éruptives, anciennes et modernes, occupent une place prépondérante dans la région des Cévennes et du Massif central.

Le granite à grain fin, le granite porphyroïde, le granite à mica blanc ou granulite, la pegmatite sont des roches abondantes aussi bien dans les Cévennes que dans le Massif central.

On peut citer le granite porphyroïde du bassin supérieur du Gier, le granite, la granulite, la pegmatite et le granite porphyroïde du bassin de la Loire, versant de rive gauche, les granites du bassin du Lignon et du bassin supérieur de la Loire, les granites à grands cristaux d'orthose de la montagne de la Margeride, sur la rive gauche de l'Allier, les roches granitiques des bassins du Chassézac, du Tarn, de l'Érieux, de la Cèze, du Gardon, de l'Hérault, de la Dourbie et de l'Orb. Les granites se trouvent fréquemment en filons dans les gneiss et les micaschistes.

Les roches granitiques se désagrègent souvent avec une grande facilité; il en résulte, pour les montagnes qui en sont formées, des contours généralement arrondis dans l'ensemble.

Lorsqu'elles sont décomposées et sableuses jusqu'à une certaine profondeur, elles renferment des blocs noyés dans l'arène, mais ordinairement les pluies entraînent le sable et laissent à la surface les fragments qui sont bien vite arrondis par l'action des agents atmosphériques.

C'est ainsi que se forment les amoncellements de blocs qui se trouvent sur les versants et sur les sommets des montagnes granitiques.

Les coulées de basalte et les épanchements dolomitiques ont commencé à se produire dans la période miocène. Les roches volcaniques de la période suivante, période pliocène, ont été recouvertes en partie par un vaste épanchement basaltique, puis, vers le milieu de l'époque quaternaire, les volcans à cratères ont couvert les vallées inférieures de laves et de scories.

Les versants basaltiques des monts du Velay, qui limitent à l'Est la vallée de l'Allier, sont d'abord en pente douce vers l'Ouest, mais bientôt les pentes deviennent très fortes et forment même des escarpements au pied desquels l'Allier coule dans une gorge étroite où se trouvent de belles colonnades de basalte.

Les pics volcaniques des bassins du Lignon et de la Loire supérieure présentent des versants à pente très forte qu'il est utile de fixer.

Dans le bassin de l'Allagnon les roches basaltiques se fragmentent souvent par suite des variations de température, et les éboulis ainsi formés sont entraînés sur les versants à la suite des pluies prolongées du printemps et des pluies d'orage de l'été.

Les couches marneuses avec calcaire gris du bassin de Lavezon sont souvent recouvertes de cendres volcaniques agglutinées, surmontées elles-mêmes par les assises de basalte qui forment le revêtement du mont Coiron à la partie supérieure. Les pentes étant fortes et parfois escarpées, les couches inférieures se délitent et se disloquent, les couches volcaniques se désagrègent et la falaise de basalte n'étant plus soutenue se rompt et forme des éboulis.

25. Périmètre de la Lergue (Hérault). Série de Saint-Étienne-de-Gourgas. — Calcaire jurassique avec éboulis.

26. Périmètre du Valdonnez (Lozère). Série de Saint-Étienne. — Causse de Sauveterre.

27. Périmètre du Lavezon (Ardèche). Série de Rochemaure. — Calcaires marneux du néocomien.

28. Périmètre de l'Erieux (Ardèche). Série de Borée. — Terrain phonolithique.

29. Périmètre de l'Hérault (Gard). Série d'Arphy. — Granite.

30. Périmètre de l'Hérault (Gard). Série de Bréau. — Granite. Blocs arrondis.

Les scories du bassin de l'Ardèche présentent des pentes fort difficiles à fixer au moyen de la végétation forestière.

Résumé. — Les versants constitués par les gneiss, les micaschistes, les schistes paléozoïques et les roches granitiques sont ceux qui se dégradent le plus facilement. Il ne se forme pas de torrents proprement dits, mais une multitude de sillons et de ravins suivant lesquels les eaux pluviales entraînent dans les cours d'eau principaux de grandes quantités de matériaux sableux et de fragments de roches : c'est une région de rivières torrentielles. (Planches 25 à 30.)

RÉGION DES PYRÉNÉES.

Terrain primitif. — Le terrain primitif de la région des Pyrénées, auxquelles se rattachent les Corbières, est constitué par des gneiss divers, des micaschistes et des cipolins.

On rencontre dans le bassin de la Tet des gneiss glanduleux et, en petite quantité, des micaschistes et des cipolins, puis des gneiss granitoïdes accompagnés d'amas de calcaire, surmontés eux-mêmes par des schistes et des quartzites.

Les gneiss inférieurs se désagrègent peu mais ils se fragmentent, surtout aux expositions chaudes, par suite des variations brusques de température, et produisent des éboulis au pied des ravins.

Le gneiss granitoïde est très facilement désagrégeable, mais comme il est souvent recouvert par des affleurements de pegmatite, les modifications qu'il subit seront examinées plus loin.

Le bassin de la haute Ariège présente toutes les formes du gneiss : gneiss gris, gneiss granitoïde, gneiss amphibolique, plus des pyroxènes intercalés dans les gneiss, des micaschistes et des leptynites. Le gneiss granitoïde est susceptible de se désagréger et les autres roches se fragmentent.

Des gneiss et des calcaires cristallins se rencontrent dans le bassin supérieur de la Garonne, et les bassins de la Nesté-de-Louron et du gave de Pau renferment des gneiss et des mica-schistes.

Groupe primaire. Système cambrien. — Le bassin de la Tet renferme des schistes noirs, quelquefois aluniferes, alternant avec des calcaires, le tout formant un ensemble d'une grande épaisseur.

Dans le bassin de la Pique, où elles sont également très épaisses, les assises cambriennes comprennent des schistes ayant souvent l'aspect du gneiss, assez souvent mâclifères, et des schistes fissiles pouvant se débiter en ardoises : elles sont traversées par de nombreux filons de granite ou de pegmatite.

Ces terrains présentent un relief accidenté et des versants à forte pente recouverts d'un sol graveleux et sans consistance.

Les schistes cambriens se trouvent aussi dans les bassins de la Garonne, de la Neste-de-Louron, du Bastan et du gave de Pau.

Système silurien. — Les deux étages du silurien occupent une place importante dans la région torrentielle. Des quartzo-phyllades, des schistes ardoisiers, des schistes argileux, des grau-wackes, des calcschistes et des calcaires noirs ou rouges sont les roches que l'on y rencontre le plus fréquemment.

Les roches schisteuses sont souvent fissurées et produisent un sol divisé et sans consistance.

Système dévonien. — Les couches de ce système sont également très largement représentées dans la région torrentielle. Des schistes, des grauwackes, des calcaires et, à l'étage supérieur, des schistes et des marbres amygdalins constituent les terrains dévo-niens.

Les schistes sont souvent susceptibles de se désagréger et donnent un sol facilement attaqué par les eaux.

Système permo-carbonifère. — Ce système est représenté par une bande étroite de schistes et de calcschistes dans le bassin de la Tet, et par des calcaires dolomitiques dans les bassins de l'Aude moyenne et de l'Agly supérieure.

Il est très développé dans le bassin du Rialsesse où il se compose de schistes gris accompagnés quelquefois de calcaires, de poudingues et de schistes irisés de rouge et de vert. Le relief du terrain est arrondi. Les schistes, qui se désagrègent facilement sous l'action des agents atmosphériques, donnent un sol argilo-siliceux meuble, très dégradé lorsqu'il n'est pas protégé par la végétation forestière.

Quand la pente des versants est très forte et que la roche est profondément désagrégée, il arrive quelquefois qu'il se forme des crevasses et que le sol glisse en entraînant la végétation qui le recouvre.

Groupe secondaire. Système triasique. — Le trias des Pyrénées est situé en dehors de la région torrentielle. Toutefois, on rencontre des calcaires siliceux du keuper dans le bassin de l'Aude inférieure.

Série jurassique. — Cette série n'est représentée que par les couches calcaires des bassins de l'Agly inférieure, de la haute Ariège et du Vicdessos.

Système infracrétacé. — Dans les bassins de l'Aude inférieure et de l'Agly supérieure le système infracrétacé comprend des calcaires dolomitiques, des calcaires marneux et des marnes appartenant à l'urgonien et à l'aptien; ces terrains sont généralement dénudés et ravinés.

Le gault est formé de marnes peu résistantes dans le bassin de la haute Ariège.

Système crétacé. — Ce système est surtout développé dans le bassin de l'Aude inférieure.

Le cénomanien est représenté par des calcaires ordinaires et par des calcaires marneux ou gréseux, le turonien par des calcaires marneux surmontés de calcaires, de grès et de psammites, le sénonien par des calcaires et des grès parfois marneux ou schisteux, le maestrichtien par des grès et le garumnien par des poudingues calcaires et des argiles rouges.

Le sol provenant des calcaires marneux du cénomanien se dégrade facilement.

Les grès et les psammites du turonien donnent un sol sableux privé de cohésion et sans résistance; les marnes du même étage sont souvent ravinées.

Le sénonien calcaire est stable, mais il en est autrement des sols affouillables provenant des grès marneux ou schisteux.

Les grès du maestrichtien se désagrègent très facilement et produisent un sol très meuble que les eaux pluviales dégradent en entraînant les sables dans les cours d'eau.

Les poudingues du garumnien sont résistants, mais ils sont exposés à glisser ou à se renverser quand les argiles rutilantes sur lesquelles ils reposent sont fortement détrempées par les eaux. Ces argiles sont généralement ravinées lorsqu'elles ne sont pas protégées par la végétation forestière; il s'y forme quelquefois des crevasses et elles ont une certaine tendance à fluer.

Les assises du crétacé sont représentées dans le bassin du Vicdessos par des brèches et des poudingues, puis par des calcaires et des grès.

Dans le bassin du gave de Pau le terrain crétacé se présente sous la forme de calcaires noirâtres très résistants et à formes rectangulaires, appartenant à l'étage maestrichtien.

Groupe tertiaire. — Les couches tertiaires de la région torrentielle ne se rencontrent guère que dans les bassins de l'Aude inférieure et de l'Orbieu ; elles appartiennent au système éocène.

Les dépôts de l'Aude inférieure comprennent des argiles et des marnes, puis des grès et des calcaires formant souvent des falaises. Les argiles se ravinent facilement et permettent, par suite, la chute des roches qui les surmontent. Les marnes sont très affouillables et, de plus, leur surface décapée reste longtemps stérile et se recouvre lentement de végétation.

Dans le bassin de l'Orbieu, le sparnacien est formé de calcaires durs, gris ou noirs, mélangés de grès et de marnes, l'yprésien comprend des assises calcaires, des marnes bleues ou grises, souvent d'une grande épaisseur, puis des grès et des marnes accompagnées de conglomérats, enfin le lutétien est formé de molasses et de poudingues.

Les molasses se désagrègent avec une grande facilité, les grès se fragmentent souvent et les cailloux des poudingues et des conglomérats sont entraînés par les eaux après la destruction du ciment qui les relie.

Les versants du lutétien sont coupés par un très grand nombre de sillons qui se croisent en tous sens et se réunissent pour former de nombreux ravins qui transportent dans les vallées les matériaux détritiques.

Les marnes nummulitiques sont très affouillables ; elles se délitent et se désagrègent en petits fragments de forme cubique, qui sont rapidement délayés par les eaux. Les versants sont entamés par de profonds couloirs.

Les grès et les marnes du sparnacien sont également peu résistants.

Dépôts quaternaires et récents. — Les alluvions anciennes des vallées sont souvent recouvertes de conglomérats glaciaires,

IMPRIMERIE NATIONALE.

quelquefois d'une grande épaisseur, et de dépôts morainiques qui s'élèvent dans la partie supérieure des bassins.

Les alluvions des terrasses pénètrent assez loin dans les vallées torrentielles.

Dans les terrains glaciaires, l'action du ruissellement est particulièrement intense. Les eaux amollissent la couche argileuse et la dissolvent en partie; elles entraînent les petits fragments laissés libres et déchaussent ceux de plus fortes dimensions.

Les dépôts glaciaires se rencontrent dans les bassins du gave de Pau, du Bastan, de la Pique et de la Tet. Ils sont disséminés sur de nombreux emplacements et fournissent les éléments de laves dangereuses; la nature schisteuse des roches sur lesquelles ils reposent souvent augmente encore leur instabilité.

C'est surtout à la présence des terrains de cette nature que sont dus les dangers des crues redoutées du Bastan.

Cette rivière torrentielle coule dans une dépression profonde qu'elle s'est creusée dans des conglomérats glaciaires formés de terre argilo-calcaire mélangée de sable siliceux et tenant en suspension un grand nombre de blocs granitiques, et aussi de fragments calcaires provenant des parois des vallées supérieures. L'épaisseur de la couche varie d'un versant à l'autre. Elle ne dépasse pas 100 mètres sur la rive droite, tandis que sur la rive gauche elle atteint 300 et 400 mètres; de plus, sur cette dernière rive, la boue glaciaire est surmontée de terrains d'éboulis qui s'élèvent à une grande hauteur.

Sur la rive droite, les ravins, dont les bassins de réception sont peu étendus, n'entament pas très profondément les versants qu'ils sillonnent.

Les torrents de la rive gauche se succèdent presque sans interruption; ils sont formés de combes juxtaposées, larges et profondes, dans lesquelles les eaux pluviales provoquent des éboulements qui donnent lieu à la formation de laves de teinte foncée et d'une grande densité, dont la masse est accrue par la présence des blocs qu'elles tiennent en suspension. Ces laves se déversent dans le Bastan, lequel, de plus, sort de son lit lors des crues causées par les pluies d'orage ou par les pluies prolongées du printemps, et vient attaquer le pied de la montagne.

Les matériaux morainiques provenant des glaciers actuels, ainsi que les alluvions et les éboulis de date récente interviennent aussi dans les manifestations torrentielles, mais dans une mesure restreinte, exception faite toutefois pour les éboulis.

Roches éruptives. — Le granite, le granite porphyroïde, la granulite et la pegmatite se rencontrent dans les divers bassins torrentiels des Pyrénées.

Les granites désagrégés par suite de la kaolinisation de leur feldspath donnent un sable quartzeux dans lequel sont noyés les blocs qui ont résisté aux agents atmosphériques. Lorsque la désagrégation se produit sur une forte pente, comme à Péguère, par exemple, l'arène entraînée par les eaux météoriques laisse les blocs amoncelés en équilibre peu stable.

Dans les conditions ordinaires les eaux, en ruisselant à la surface des versants granitiques, creusent des sillons dans lesquels elles se réunissent et qui les déversent, animées d'une grande vitesse, sur les terrains affouillables inférieurs.

La granulite et la pegmatite se désagrègent avec une grande facilité.

Dans le bassin du Vicdessos la masse sableuse formée par ces roches renferme souvent une proportion d'argile suffisante pour lui donner de la cohésion en temps de sécheresse; par l'humidité, au contraire, la cohésion tend à disparaître et les terres sont exposées à fluer.

La pegmatite est assez répandue dans le bassin de la Tet.

Aux expositions méridionales la roche désagrégée est sillonnée par de nombreux petits ravins dont les berges fournissent d'abondants matériaux qui viennent encombrer le cours d'eau principal.

Quand les versants sont recouverts d'une étendue suffisante de terre garnie de végétation les blocs non attaqués restent dans la masse terreuse, mais si la surface du sol est dénudée les eaux pluviales entraînent l'argile et le sable, et les blocs n'étant plus retenus glissent sur les pentes.

Résumé. — La région des Pyrénées est caractérisée par l'abondance des couches paléozoïques et des dépôts glaciaires ou fluvioglaciaires ; les roches granitiques désagrégeables et les éboulis occupent aussi une étendue assez importante, enfin dans les Corbières les marnes grises de l'éocène sont surtout exposées à l'attaque des eaux.

L'action des agents atmosphériques donne lieu, en général, à la formation de torrents ou de ravins d'un court développement et le plus souvent sans sinuosités, et de nombreuses combes qui encombrent les cours d'eau de matériaux détritiques.

C'est la région des combes et des cours d'eau torrentiels à crues subites et violentes.

Observation relative aux terrains calcaires. — Les roches calcaires sont l'objet de phénomènes d'une nature spéciale. Les joints qui séparent les bancs sont ordinairement complétés par des fissures entrecroisées, dirigées suivant des plans sensiblement normaux aux premiers, de sorte que les eaux pluviales pénètrent très rapidement dans l'intérieur lorsque la surface du sol n'est pas protégée par un gazon épais ou par une végétation forestière formée de préférence d'arbres à racines traçantes.

Dans le cas d'un sol dénudé, l'infiltration n'est pas entravée et des effondrements successifs forment souvent des gorges profondes à parois abruptes. On peut en citer des exemples dans les trois régions : gorges du Verdon, de l'Ardèche, du Tarn, du Rébenty, de l'Aude, etc.

Comme, d'un autre côté, les précipitations atmosphériques sont

31. Périmètre de la Tet Supérieure (Pyrénées-Orientales). Série de Nyers-En. — Gneiss.

32. Périmètre du Vicdessos (Ariège). Série d'Auzat. — Schistes siluriens.

33. Périmètre de l'Orbieu (Aude). Série de Vignevieille. — Terrains tertiaires.

34. Périmètre du Vicdessos (Ariège). Série de Gestiès.
Dépôts quaternaires avec blocs de granite enchassés.

35. Périmètre de la Pique (Haute-Garonne). Série de Montauban.
Boues glaciaires et schistes cambriens.

36. Périmètre du Gave de Pau (Hautes-Pyrénées). Série de Gèdre. — Dépôts moraïniques.

37. Périmètre de l'Agly Inférieure (Pyrénées-Orientales). Série de Campoussy. — Granite.

38. Périmètre de la Tet Supérieure (Pyrénées-Orientales). Série de Thuès.
Gorges de la Carança. Gneiss de l'archéen.

39. Périmètre de l'Arc Supérieur (Savoie). Série de Sollières-Sardières.
Gorges du torrent de l'Envers. Gypse et cargneules.

40. Périmètre du Tarn (Lozère). Série de Saint-Georges de Lévejac. — Gorges du Tarn.
Calcaires du jurassique inférieur et moyen.

41. Périmètre de la Haute-Bléone (Basses-Alpes). Série de Barles.
Calcaire du jurassique supérieur.

42. Gorges de l'Ardèche à Ruoms. — Calcaire du jurassique supérieur.

43. Gorges de la Basse-Drôme (Drôme). Série de Die. — Gorges de la Meyrosse.
Calcaire néocomien.

44. Périmètre de l'Ubaye (Basses-Alpes). Cluse de l'Ubaye au Lauzet.
Grès nummulitique.

réduites par suite de l'absence de forêts, il résulte de cet état de choses une véritable déchéance hydrologique des terrains calcaires.

Dans les calcaires compacts et dans d'autres terrains en bancs épais ou en grandes masses il se forme quelquefois des entailles étroites à parois souvent en surplomb : gorges du Fier, de la Carença, etc. (Planches 31 à 44.)

CHAPITRE IV.

LES TORRENTS.

Définition. — Formation des torrents. — Constitution d'un torrent. — Dommages causés par les torrents. — Éboulement de terres imbibées d'eau. — Autres formes d'éboulements. — Avalanches.

Définition. — La neige qui persiste sur les cimes des hautes montagnes protège les roches contre les diverses causes de détérioration autres que les érosions intérieures dues aux glaciers et aux cours d'eau sous-glaciaires, et maintient ainsi le relief du terrain.

La dégradation du sol et des roches et l'activité des torrents se manifestent, par suite, au-dessous de la limite des neiges persistantes, limite qui varie de 2,700 à 3,300 mètres dans les Alpes et de 2,600 à 2,800 mètres dans les parties centrale et occidentale des Pyrénées, la partie orientale ne présentant que des taches de neige.

Dans la région des Cévennes et du Massif central les altitudes sont trop faibles pour que la neige puisse se maintenir pendant toute l'année.

La hauteur des principaux sommets au-dessus du niveau de la mer est indiquée ci-après :

	Pic des Ténèbres (Alpes-Maritimes).	3,016 mètres.
	Massif de l'Enchastraye (Alpes-Maritimes).....................	2,956
	Mont Ventoux (Alpes de Provence)..	1,908
	Massif du Pelvoux (Alpes de Provence)......................	4,103
Région des Alpes.	Mont Aiguilles (Alpes du Dauphiné).	2,077
	Pic de Belledonne (Alpes du Dauphiné)	2,981
	Mont Thabor (Alpes Cottiennes)....	3,175
	Massif de la Vanoise (Alpes Grées).	3,863
	Pointe de Grange (Alpes de Savoie)..	2,438
	Mont Blanc (Alpes Pennines)......	4,810

	Pic de Nore................	1,210 mètres.
	Mont Aigoual...............	1,567
	Montagne de Baugès..........	1,424
Région	Mont Lozère	1,561
des Cévennes	Le Tanargue................	1,519
et	Mont Gerbier-des-Joncs.........	1,551
du Massif	Le Mézenc.................	1,754
central.	Le Mégal..................	1,438
	Montagne de la Margeride,.......	1,497
	Mont Pilat.................	1,434
	Mont Péguère..............	2,187
	Le Vignemale..............	3,298
	Le Tourmalet..............	2,460
	Pic du Midi de Bigorre..........	2,877
Région	Pic du Port d'Oô.............	3,116
des	Le Perdighero.............	3,220
Pyrénées.	Pic d'Estats...............	3,143
	Pic de Souille..............	2,950
	Pic de Carlitte.............	2,920
	Le Canigou...............	2,785

Déduction faite des cimes protégées d'une façon permanente par les neiges persistantes dans les Alpes et les Pyrénées, il reste donc de vastes étendues de terrains susceptibles de dégradation et soumis à l'action des torrents.

Les versants exposés au Nord et à l'Est restent couverts de neige assez longtemps chaque année, et celle-ci fond lentement sans produire de crues torrentielles. Les variations de température sont moins brusques et moins étendues, les pluies sont souvent moins intenses et la végétation est habituellement plus active qu'aux expositions chaudes. Il en résulte qu'en général les torrents se développent surtout sur les versants exposés au Sud et à l'Ouest, ainsi que Fabre l'a fait remarquer.

Une définition précise et complète du torrent est assez difficile à donner.

« Un torrent est un cours d'eau temporaire, dans lequel l'eau se concentre à la suite des grandes pluies et acquiert, à raison de sa masse et de la pente du lit, une force vive considérable. Le trait caractéristique des torrents est la faculté qu'ils possèdent de réunir en un seul flot toute l'eau tombée pendant un certain temps sur un espace assez étendu. Cette faculté réside dans la configuration du sol, et ainsi la partie principale d'un torrent, celle qui lui donne sa raison d'être, est le bassin de réception à la faveur duquel s'opère la concentration des eaux pluviales.

« Le bassin de réception d'un torrent, appelé aussi entonnoir, est un cirque plus ou moins complet, sur les pentes abruptes duquel ruisselle l'eau des fortes pluies. Dans quelques cas les parois du cirque sont des falaises à peu près verticales, le long desquelles l'eau tombe en cascades, sans entamer sensiblement les roches solides qui les composent, et dont la disposition en amphithéâtre est sans doute le résultat de mouvements du sol indépendants de l'action propre des eaux. Le cirque de Gavarnie, dans les Pyrénées, en est un bel exemple. Mais, la plupart du temps, l'entonnoir est lui-même le produit d'un creusement opéré par les eaux pluviales, d'une part à raison de la pente, de l'autre à la faveur de la constitution du terrain. Aussi peut-il présenter tous les phénomènes d'érosion décrits à l'occasion du travail des eaux sauvages. Ses parois, quand elles sont meubles, s'éboulent constamment et ainsi l'entonnoir va sans cesse en s'agrandissant, jusqu'à ce que ses limites atteignent des roches capables de présenter à l'érosion une résistance suffisante [1]. »

« Les torrents coulent dans des vallées très courtes qui morcellent les montagnes en contreforts, parfois même dans de simples dépressions. Leur pente excède 6 p. 100 sur la plus grande longueur de leur cours : elle varie très vite et ne s'abaisse pas au-dessous de 2 centimètres par mètre. Ils ont une propriété tout à fait spécifique. Ils affouillent dans une partie déterminée de leur cours,

---

[1] A. DE LAPPARENT, *Cours de géologie*, Paris, 1907.

déposent dans une autre et divaguent ensuite par suite de ces dépôts [1]. »

« Un torrent, d'après Scipion Gras, est un cours d'eau dont les crues sont subites et violentes, les pentes considérables et irrégulières, et qui le plus souvent exhausse certaines parties de son lit par suite du dépôt des matières charriées, ce qui fait divaguer les eaux au moment des crues [2]. »

On peut dire aussi que les torrents sont des cours d'eau temporaires ou permanents dont le profil en long n'est pas encore fixé, et qui continuent leur travail de déblai dans la montagne et de remblai dans la plaine.

Enfin on peut encore donner la définition suivante :

Un torrent est un cours d'eau temporaire ou permanent dans lequel l'eau se concentre avec une extrême rapidité à la suite des fortes pluies et emploie au creusement du lit son énergie de mouvement, qui est considérable à raison de la pente de la montagne et de l'accroissement de densité dû aux matériaux transportés; les terres de déblai et les débris de toutes provenances charriés par les eaux sont déposés dans la plaine.

Ces diverses définitions se complètent mutuellement.

Les ravins présentent les mêmes caractères que les torrents, mais avec une moindre intensité. Un ravin est un affluent d'un torrent ou un torrent naissant.

Les combes sont des échancrures qui se produisent à la base ou sur le flanc d'un versant.

Les cours d'eau torrentiels sont ceux qui sont alimentés directement par les torrents et les ravins.

Formation des torrents [3]. — On admet habituellement

[1] A. Surell, *Les torrents des Hautes-Alpes*, Paris, 1841.
[2] E. Thiéry, *Restauration des montagnes*, Paris, 1891.
[3] Voir E. Haug, *Traité de géologie*, Paris, 1907. et Emmanuel de Martonne, *Traité de géographie physique*, Paris, 1909.

que les eaux pluviales, en s'écoulant sur les pentes, se concentrent après un certain parcours et que leur vitesse augmente en même temps que leur masse s'accroît par le fait de cette concentration. Il en résulte que l'énergie de mouvement, ou, si l'on veut, la puissance d'attaque du courant, est plus grande vers le pied du versant que vers le sommet, et que l'affouillement commence à se produire à la partie inférieure.

On peut objecter qu'il n'y a pas toujours accroissement de force vive, la valeur de la pente diminuant généralement vers le bas du versant, et cette réduction de pente ayant pour effet d'entraîner une diminution corrélative de la vitesse. Mais les causes qui viennent d'être indiquées peuvent se compléter par les suivantes.

La partie inférieure des versants est souvent occupée par des terrains meubles et, de plus, elle est ordinairement peu protégée par la végétation forestière; la durée de l'écoulement, la saturation préalable du sol, soit par des pluies antérieures, soit par la fonte des neiges, l'exposition, interviennent aussi.

Dans certains cas, des roches facilement délayables se trouvent superposées à différents niveaux et sont attaquées en même temps que la partie inférieure du versant.

Les conditions du phénomène sont donc multiples.

Selon que l'eau s'écoule en rigoles, en ruisseau ou en nappe, il se forme des sillons, une entaille ou une échancrure, en d'autres termes des ravinements, un ravin ou une combe.

Quand le versant est peu étendu, la concentration des rigoles ne se fait pas et le terrain est sillonné de petits ravins; des combes peuvent aussi se former dans ce cas.

Ces sillons, ravins ou combes, se creusent de plus en plus à partir de la base et s'étendent vers le sommet. On dit que leur marche est régressive. Il n'y a pas d'inconvénient à conserver cette expression, mais on ne doit pas considérer le mode de développement par régression comme un caractère spécial aux torrents, car un éboulement dû à une cause quelconque s'accroît à la partie supérieure par l'ablation de tranches successives.

Une combe peut encore se former lorsque le pied d'un versant est affouillé par un cours d'eau. Quand la terre est peu consistante, l'action de la pesanteur suffit pour détruire l'effet de la cohésion et pour occasionner des éboulements successifs à mesure que l'affouillement se produit.

Enfin, les terres non garnies de végétation peuvent être imbibées d'eau en quantité suffisante pour fluer suivant les pentes et former ainsi des échancrures analogues aux combes proprement dites.

Un ravin dû à l'action de l'eau courante s'approfondit de plus en plus et se transforme en torrent en s'étendant vers l'amont. Les matériaux provenant du creusement, ajoutés à ceux provenant des éboulements et des glissements et aux débris de roches entraînés par le ruissellement ou par les avalanches, sont charriés pendant les crues au bas des versants. Là ils s'accumulent sous forme de delta, jusqu'à ce que le remblai ait atteint une pente suffisante — pente limite de Surell — pour que l'eau courante puisse les transporter jusqu'à la rivière qui occupe le fond de la vallée. Pendant le charriage le lit et les berges sont affouillés et de plus entamés par le choc des débris rocheux; la rapidité de cette opération de déblai dépend de la masse fluide en mouvement, de la pente du lit et de la résistance du terrain. Au bout d'un certain temps, le profil en long forme une courbe concave continue — courbe de lit de Surell — depuis le fond de la vallée jusqu'au sommet du torrent ou jusqu'à la crête du versant.

Des sillons divergents partent ordinairement du sommet et des ravins affluents se forment en outre sur le parcours du torrent.

Quand le travail de régularisation du lit est terminé, c'est-à-dire quand la résistance du terrain fait équilibre à la puissance d'attaque du courant, le torrent entre dans la catégorie des cours d'eau de montagne, mais sans pour cela devenir inoffensif.

De même qu'un ravin, une combe peut donner naissance à un torrent.

Il reste à mentionner des cours d'eau d'une nature particulière.

Les émissaires des glaciers charrient des matériaux provenant de la moraine de fond et des extrémités des moraines extérieures; on les désigne sous le nom de torrents glaciaires.

Enfin des torrents accidentels sont quelquefois la conséquence de la rupture de poches glaciaires.

Le développement des déchirures produites par l'eau courante ne se poursuit pas toujours avec la régularité qui vient d'être indiquée. Le Laou d'Esbas (Haute-Garonne) s'est formé en une seule nuit, du niveau de la base jusqu'au sommet; quelquefois aussi des excoriations superposées sur le flanc d'une montagne sont le début de la formation d'un torrent.

Constitution d'un torrent. — Un torrent comprend trois parties distinctes : une certaine étendue sur laquelle tombent les eaux météoriques qui s'écoulent dans le thalweg — bassin de réception, bassin torrentiel ou bassin; une partie en déblai — gorge ou vallée torrentielle; une partie en remblai — delta ou cône torrentiel.

Surell désigne sous le nom de bassin de réception « la région dans laquelle les eaux s'amassent et affouillent le terrain ». Mais, en ce qui concerne des travaux de restauration, il est préférable de considérer l'étendue entière qui reçoit les eaux pluviales et d'adopter la définition générale du bassin : « espace au fond duquel coule un cours d'eau et dont toutes les pentes sont dirigées vers ce cours d'eau ».

Quand la pente du versant s'adoucit vers la partie inférieure, le déblai par l'eau courante progresse rapidement et l'état d'équilibre est bientôt atteint sur un assez long parcours, mais dès que la pente devient plus forte le creusement exige un temps beaucoup plus long. Les vallées torrentielles deviennent donc relativement

45. Périmètre du Drac-Bonne (Isère). Série de Chantelouve. — Bassin du torrent des Palles.

46. Périmètre de la Basse-Isère (Isère). Série de Voreppe.
Partie supérieur du torrent de la Roize.

47. Périmètre de l'Arc Inférieur (Savoie). Série de Saint-Alban-d'Hurtières. — Cône du Corbières, torrent récent.

48. Périmètre de l'Arc Supérieur (Savoie). Série de Villargondran. — Cône du Rieubel après une crue ; torrent ancien.

49. Périmètre de l'Ubaye (Basses-Alpes). Série de Saint-Pons.
Ravins secs dans les terres noires recouvertes de boues glaciaires.

50. Périmètre de la Pique (Haute-Garonne). Série de Bagnères-de-Luchon.
Combe de Charruya.

stables à la partie inférieure sur une longueur plus ou moins grande selon l'inclinaison des versants, tandis que le travail de déblai se poursuit avec activité dans la partie supérieure.

Les torrents qui se forment sur des flancs de montagne de très forte inclinaison sont courts et à peu près rectilignes le plus souvent.

Quand la pente est douce, la longueur de la gorge augmente et la probabilité de la formation de courbes augmente en même temps. Ces courbes paraissent dues, en effet, à la résistance inégale des berges. Lorsqu'une roche forme quelque peu saillie sur une berge, elle rejette les eaux sur la rive opposée où elles déterminent une concavité qui dévie le courant à son tour : par suite de la répétition du même phénomène, la gorge finit par adopter la forme sinueuse d'un cours d'eau ordinaire.

Dans ce mouvement les blocs transportés par le courant et traînés sur le fond par les crues ordinaires perdent leur vitesse à cause du choc et sont remplacés dans la masse fluide par les débris qu'ils ont arrachés aux berges; il en est de même en ce qui concerne l'érosion du fond du lit.

Le cône torrentiel n'existe pas toujours : la partie stable de la gorge — canal d'écoulement de Surell — se prolonge quelquefois jusqu'au fond de la vallée et les matériaux sont charriés dans la rivière qui les entraîne à mesure qu'ils se déposent. (Planches 45 à 5o.)

Dommages causés par les torrents. — Ainsi qu'on l'a vu précédemment, une lave torrentielle est une masse fluide qui renferme des matériaux de toutes dimensions et qui s'écoule avec une vitesse plus ou mois grande selon la pente du lit et l'abondance de la pluie.

D'où viennent ces matériaux? Ils sont de diverses provenances; les uns sont des débris, résultant de la désagrégation des roches, entraînés dans les thalwegs par la pesanteur, par le ruissellement ou par les avalanches, les autres sont dus à l'affouillement et à l'érosion par l'eau courante ainsi qu'aux éboulements et aux glissements, surtout dans la partie supérieure de la gorge, d'autres enfin proviennent des glaciers.

Les arbres, même de petites dimensions, les branches d'arbres, les débris d'exploitation sont des éléments dangereux des laves. Pourquoi? Parce que, par suite de leur faible densité, ils ne se déposent pas lorsque la pente s'atténue et qu'ils peuvent s'enchevêtrer et former des barrages temporaires derrière lesquels l'eau s'accumule pour faire ensuite irruption avec plus de violence dans les régions inférieures.

Les torrents et les ravins causent chaque année des dégâts matériels importants et occasionnent trop souvent des pertes de vies humaines. Ces accidents donnent lieu à une vive émotion au moment où ils se produisent, mais bientôt l'oubli se fait, du moins dans les régions qui n'ont pas été directement atteintes. Il ne semble donc pas inutile de rappeler sommairement quelques-unes des conséquences de l'action torrentielle dans ces dernières années; il s'agit de faits récents et dont le souvenir n'est pas encore éteint.

Les crues des cours d'eau torrentiels, c'est-à-dire des cours d'eau alimentés directement par les torrents et les ravins, sont souvent plus à redouter que celles de leurs affluents.

L'énergie de l'eau courante est augmentée par suite de l'accroissement de sa densité, des ponts et des constructions diverses sont endommagés ou détruits par le choc des blocs et par les effets de l'affouillement et de l'érosion, les voies de communication sont détériorées et des dépôts de débris de roches et de graviers sont à redouter sur les points où la vitesse diminue, à cause de la réduction de la pente ou de la présence de courbes [1].

Ces amas de matériaux, même sur de faibles parcours, ont

[1] A. MONESTIER-SAVIGNAT. *Les eaux au point de vue des inondations.* Paris, 1858. «Le phénomène le plus funeste des crues, dans la partie supérieure du bassin de l'Allier, est la formation des limons, résultat du lavage des terres, ainsi que des galets

pour effet d'exhausser le niveau des eaux, qui peuvent alors se déverser dans les plaines voisines, après avoir surmonté ou rompu les digues lorsqu'il en existe.

Après l'écoulement des crues on constate souvent que le lit est encore encombré de graviers par places : ce sont les matériaux apportés en dernier lieu par les affluents torrentiels. Peu importe que, par la suite, ces graviers soient entraînés à la mer et que d'une manière générale le niveau du lit des cours d'eau principaux reste sensiblement invariable : dans tout phénomène, les faits importants sont ceux qui forment saillie au-dessus du plan ordinaire des choses.

On peut citer d'ailleurs des exhaussements permanents du lit, notamment sur certains points du Drac, de la Romanche, du Vénéon, de l'Isère, de l'Allier, etc.

Il y a lieu, de plus, de tenir compte des difficultés que présente l'utilisation industrielle de l'eau courante quand le régime

et graviers, résultat des érosions produites elles-mêmes par la masse et la vitesse des eaux.

«Ce qu'il y a de nuisible dans la région des plaines, ce sont les dépôts de gravier et de sable, provenant des terrains supérieurs ou voisins, qui ont lieu par la diminution de la vitesse, quoique la masse aille en croissant.

«Le grand mal de la vallée de la Loire est dans les amas énormes de sables qui y sont accumulés ou s'y accumulent en exhaussant le lit uniformément; ils y forment des barres obliques et rendent les digues longitudinales ou submersibles sujettes à des ruptures de plus en plus difficiles à empêcher.

«Supposons des crues au maximum actuel, décantées de leur sable, des crues plus volumineuses même, avec la condition d'une eau limpide ou peu chargée, il s'ensuivrait que les dépôts, dont aucune tentative n'a pu débarrasser le fleuve, seraient entraînés vers la mer, le lit serait creusé, les digues affermies et rendues à leur utilité première, l'ordre rétabli.

«On pourrait compter avec l'eau seule, dont les ravages n'ont d'ailleurs qu'un effet temporaire en général et qui, en submergeant les récoltes, compensent la perte par une amélioration du sol limoné.

«Mais on prévoit que les moyens qui réussiraient à réduire les produits des ravinements et des érosions atténueraient l'élévation des crues, augmenteraient les étiages et régulariseraient le régime des rivières.»

des rivières est altéré par l'intervention des torrents. Pour qu'on puisse tirer parti d'une façon avantageuse de l'énergie mécanique disponible dans la montagne, il faut en effet que le débit des cours d'eau soit constant, ou tout au moins qu'il présente une périodicité annuelle facile à constater.

Le premier cas, assez rare d'ailleurs, se présente lorsqu'on emploie les eaux emmagasinées dans un lac pendant la saison pluvieuse, le deuxième cas se rencontre plus souvent, quand il s'agit par exemple de cours d'eau soumis à l'influence régulatrice des glaciers ou des forêts.

La neige alimente les glaciers dont les eaux de fusion pendant l'été assurent la permanence des ruisseaux inférieurs; la même action de régularisation est due aux forêts de montagne qui retiennent les eaux pluviales et s'opposent à leur écoulement trop rapide.

Un lac, un glacier, une forêt sont donc, à des degrés différents, des appareils d'accumulation et de transformation d'énergie.

Quant aux cours d'eau soumis à l'influence prédominante des pluies, leur débit est irrégulier et leur utilisation dans de bonnes conditions présente de sérieuses difficultés.

Il faut ajouter que les eaux chargées de matériaux causent quelques dommages aux industries riveraines en obstruant fréquemment les grilles des canaux des usines; ce n'est guère qu'un inconvénient, mais les grandes crues donnent souvent lieu à des dégâts importants.

On ajoute quelquefois, il est vrai, que dans la montagne l'eau doit être réservée pour l'irrigation. Il est certain que les besoins de l'agriculture ne doivent pas être méconnus, mais l'industrie ne doit pas être sacrifiée pour cela; il appartient au pouvoir administratif d'effectuer le partage entre les deux branches d'activité, partage facilité dans une certaine mesure par cette considération que l'agriculture consomme de l'eau tandis que l'industrie consomme de l'énergie.

La détérioration des voies de communication est plus à redouter aujourd'hui qu'autrefois. Non seulement l'industrie a pénétré dans la montagne, mais, par suite du développement des procédés de transport mécanique, les touristes commencent à visiter les sites remarquables, nombreux dans nos régions torrentielles, de sorte qu'il est nécessaire d'assurer la sécurité de la circulation. Les travaux de correction des torrents et les travaux de défense contre leurs crues ont donc pris tout récemment une importance qu'ils n'avaient pas il y a quelques années seulement.

L'énumération qui suit présente, par années, un résumé des renseignements fournis sur quelques crues de torrents et de rivières torrentielles, et de plus, dans certains cas, des indications sur les effets des travaux de restauration; les conséquences de la rupture d'une poche glaciaire, qui a entraîné la formation d'un torrent accidentel ayant le glacier de Tête Rousse pour point de départ, ont été aussi brièvement rappelées.

Années 1890 et 1891. Bassin des Gardons (Lozère). — Les pertes officiellement constatées dans le bassin des Gardons à la suite des crues de 1890 et 1891 se sont élevées, pour les six communes périmétrées seulement, à 1,170,000 francs.

Année 1891. Bassin de la Beaume (Ardèche). — La Beaume s'est ouvert en 1891 un lit de 300 à 400 mètres de largeur dans la vallée; elle a fait disparaître de nombreuses cultures sous un amas de sables, de graviers et de blocs.

Les évaluations des services des contributions directes et des ponts et chaussées ont fixé à 1,645,000 francs la valeur des dommages causés.

Année 1892. — Le glacier de Tête-Rousse (Haute-Savoie), qui a causé la catastrophe du 12 juillet 1892 en déversant subitement une masse d'eau considérable dans l'émissaire du glacier

IMPRIMERIE NATIONALE.

de Bionnasset, se trouve dans le massif du mont Blanc, immédiatement à la base des escarpements du Dôme-du-Goûter.

Son altitude moyenne est de 3,270 mètres, sa plus grande longueur de 416 mètres, sa largeur moyenne de 220 mètres et sa surface totale de 10 hectares 95 ares seulement. La différence de niveau entre ses extrémités n'est que de 166 mètres.

Il est encaissé entre des parois rocheuses qui le séparent des grands glaciers de la Griaz et de Bionnasset.

Les eaux accumulées sur le glacier de Tête-Rousse ont fait subitement irruption dans la nuit du 11 au 12 juillet par une ouverture de 38 mètres de largeur sur 20 mètres de hauteur, qui s'était formée brusquement dans la partie inférieure. Le volume de l'eau écoulée a été évalué à 100,000 mètres cubes environ. Cette eau a commencé à se charger de matériaux au pied de la montagne des Rognes, puis la lave s'est déversée dans les torrents de Bionnasset et de Bonnant, où elle a augmenté sa viscosité et a fini par arriver à l'Arve après avoir détruit une partie des constructions de Bionnay, des bains de Saint-Gervais et du hameau du Fayet : 175 personnes ont trouvé la mort dans cette catastrophe et les dégâts matériels ont été évalués à 1,750,000 francs.

Année 1895. Bassin du Gave de Pau (Hautes-Pyrénées). — Le torrent du Lizey était considéré comme éteint, son vaste delta était recouvert de prairies et les habitants du pays n'avaient conservé le souvenir d'aucune lave.

Les laves de 1895 ont intercepté pendant 15 jours la route de Pierrefitte à Cauterets, raviné ou recouvert de matériaux les prairies inférieures, dévié le cours de la rivière et emporté un pont.

Année 1897. Bassin de la Pique (Haute-Garonne). — Le torrent de Sainte-Christine a affouillé les fondations des premières maisons de Montauban et déposé dans les constructions et sur les rues, jardins et vergers un volume de 2,500 mètres cubes de matériaux;

il a de plus causé d'importants dommages à la route de Montauban à Saint-Mamet.

Le torrent de Canjouan a déposé dans les caves et les rez-de-chaussée des maisons de Juzet, et sur les rues, jardins et vergers, plus de 10,000 mètres cubes de sables, graviers et galets atteignant une épaisseur moyenne de 1 m. 30; il a emporté quelques bestiaux et gravement détérioré le chemin vicinal n° 15 et la route de Juzet à Luchon.

Les matériaux déposés dans le hameau de Pont-de-Cazaux par le torrent du même nom ont atteint jusqu'à 6 mètres de hauteur, comblant les maisons qui ne s'effondraient pas, remplissant, jusqu'au faîte, des granges, avec les bestiaux qu'elles renfermaient. Huit maisons et six granges ont été détruites; la circulation sur la route nationale a été interrompue pendant plusieurs jours.

La lave du torrent de Muna, qui atteignait aux courbes plus de 20 mètres de hauteur, a pénétré au centre du hameau de Muna et a enlevé trois maisons, trois écuries, un moulin et un foulon, laissant huit morts et six blessés.

Le torrent de Betpounés était considéré comme un ruisseau inoffensif.

Les matériaux qu'il a entraînés ont comblé la voie ferrée, établie en déblai, et se sont ensuite déversés dans la Pique. Les apports sur la voie ferrée, évalués à 50,000 tonnes, ont exigé de coûteux travaux de déblaiement et ont arrêté pendant plusieurs jours la circulation des trains.

Dans le village de Lège, plusieurs granges ont été endommagées par le torrent du même nom; le pont sur la route de Lège à Cazaux a été emporté, la gare et plusieurs maisons ont été envahies par la lave, des jardins ont été ravinés et d'autres ensablés, la voie ferrée a été coupée.

L'examen du cours de la Pique dans l'ensemble du bassin a donné lieu aux constatations suivantes : exhaussement du lit sur plusieurs points, enlèvement de nombreux barrages et de digues, destruction des ponts de Saint-Mamet, Lège et Juzan et graves détériorations aux autres ouvrages d'art, déviation du lit causée par l'obstruction du pont de Salles.

Le Laou d'Esbas, dont la correction était terminée à cette époque, n'a pas fourni d'apports à la rivière.

Bassin de la haute Ariège (Ariège). — Le torrent de Moulines a emporté un pont et bouleversé les jardins, les vergers et le cimetière du village de Verdun. Le volume des dépôts était de 40,000 mètres cubes environ et la perte totale a été évaluée à 150,000 francs. En 1875, une lave qui a envahi le même village a causé la mort de 81 personnes et la perte de 600 têtes de bétail ; les pertes matérielles se sont élevées à 250,000 francs.

Bassin du Bastan (Hautes-Pyrénées). — Une crue du Bastan a détruit les plus belles maisons de Barèges et diverses constructions dans les villages échelonnés entre Barèges et Luz ; la route a été emportée sur plus de 5 kilomètres de longueur et de grandes étendues de prairies ont été ravinées ou recouvertes de sables et de blocs granitiques.

Le torrent du Rieulet, dont les ouvrages de correction sont restés absolument intacts, n'a fourni au Bastan aucun apport de matériaux.

Année 1899. Bassin de l'Allier (Ardèche). — Les affluents de l'Allier qui prennent leur source dans la série de Laveyrune ont provoqué une crue de la rivière principale, ont envahi plusieurs maisons et en ont coupé d'autres, ont raviné des terres ou les ont couvertes de matériaux, ont détérioré la route de Villefort à Langogne : une évaluation très modérée des dommages causés a dépassé 50,000 francs.

Le lit de l'Allier s'exhausse graduellement par le dépôt des matériaux arrachés aux flancs des montagnes.

Bassin de la Pique (Haute-Garonne). — Les ravins de Jean et de Bagnartigues, en amont de Luchon, ont brusquement manifesté leur activité torrentielle le 27 août 1899. Ils ont jeté dans la Pique, le premier 5,000 mètres cubes et le second 12,000 mètres cubes de matériaux environ.

Le pont sur la route nationale a été enlevé en amont de Luchon et la route elle-même a été coupée sur plusieurs points. La canalisation des eaux potables a été rompue ainsi que celle qui alimente avec les eaux de la Pique l'établissement thermal, mais ce qui est surtout à déplorer c'est le fait du dépôt d'une grande quantité de matériaux dans une rivière dont le lit n'était déjà que trop exhaussé entre ses digues aux abords de Luchon.

Bassin de l'Arve (Haute-Savoie). — Les torrents dont le bassin supérieur est très élevé, comme celui de Reninges, par exemple, n'ont occasionné aucuns dégâts à la suite des pluies du mois de janvier, les précipitations s'étant produites dans ces bassins sous forme de neige. Il n'en a pas été de même d'un petit ruisseau, le ruisseau de Bédy, qui est un ancien torrent éteint dont le bassin ne dépasse guère 1,200 mètres. L'activité de ce torrent s'est manifestée subitement à la suite d'éboulements qui se sont produits dans ses berges, éboulements dus au boisement insuffisant du sol, très incliné et constitué par des boues glaciaires.

La lave qui s'est écoulée s'est divisée en deux branches; l'une s'est dirigée vers l'Arve, où elle s'est déversée après avoir coupé la route de Chamonix et endommagé une maison; l'autre s'est dirigée vers le village de Plagne où elle s'est étalée sur des cultures et des vergers et a comblé les caves et les rez-de-chaussée de quatre maisons.

Année 1900. Bassin de la Beaume (Ardèche). — Le ravin de Sausibouge charriant une quantité considérable de matériaux provenant des terrains instables de la série de Dompnac, alors en voie d'acquisition, a causé des dommages importants sur ses rives : a route de Dompnac à Joyeuse a été coupée sur deux points différents. Il en a été de même dans les communes de Rocles et de Laboule-et-Valos, où les séries étaient aussi en voie d'acquisition.

A Valgorge, les versants, autrefois instables, consolidés par de récents travaux de restauration, n'ont pas été dégradés par les eaux; les cultures, les routes et les chemins n'ont subi que des dégâts insignifiants. En 1891, des ponts avaient été emportés, la route coupée en plusieurs points, le hameau de Saint-Martin gravement endommagé, le hameau de Chastenet en partie détruit, enfin plusieurs personnes entraînées par les eaux.

Les dégâts matériels causés par la crue de la Beaume, en 1900, ont été évalués à 1,050,000 francs. Pour l'ensemble des bassins torrentiels du département de l'Ardèche, l'évaluation des dommages pendant la même année s'est élevée à 9,125,000 francs.

Année 1901. Bassin de la Pique (Haute-Garonne). — Les ruisseaux d'Esbas et de Castelviel dans la haute vallée de la Pique, absolument tranquilles en apparence, ont manifesté brusquement leur activité torrentielle et ont déversé dans la rivière un fort volume de matériaux.

En aval de Luchon, l'exhaussement du lit de la Pique par le dépôt de ces matériaux a occasionné la rupture des digues et, par suite, l'inondation d'une grande partie des cultures d'Antignac et de Salles.

Un phénomène de même nature, mais de moindre importance, s'est produit à Cierp. Enfin, les apports de la Pique ont fait déborder la Garonne sur le territoire d'Esténos.

Bassin du Tarnon (Lozère). — L'inondation du 22 septembre 1901 a coûté la vie à plusieurs personnes dans la vallée du Tarnon et a causé plus de 300,000 francs de dégâts aux routes de cette vallée.

Année 1904. Bassin du Doron (Savoie). — Dans la soirée du samedi 16 juillet, à la suite d'une très forte chute de pluie et de grêle sur le versant méridional du mont Jovet, le ruisseau de Bonrieu, ordinairement très calme, a grossi subitement et vers 8 heures du soir a déversé sur la petite ville de Bozel une grande quantité de matériaux détritiques, emportant les ponts de la vallée et causant malheureusement la mort de onze personnes. Ce ruisseau n'a qu'un parcours de 5 kilomètres : son bassin supérieur est formé par un pâturage en bon état de conservation, mais avant d'arriver au delta sur lequel la ville est construite, il coule sur un lit étroit, encaissé entre des berges en pente rapide consistant en débris morainiques surmontés de gros blocs instables. C'est dans cette partie du cours d'eau que la lave s'est formée, par suite des éboulements de berges causés par le creusement du lit.

La lave s'est étalée au centre des habitations sur une hauteur moyenne de 2 m. 50 et sur une largeur d'environ 200 mètres; les pertes matérielles ont été évaluées à 500,000 francs.

Il ne s'était produit dans le bassin du Bonrieu aucune inondation torrentielle depuis l'année 1669 et ce ruisseau était considéré comme absolument inoffensif.

Année 1906. Bassin de l'Arc (Savoie). — Le village des Fourneaux a été envahi le 24 juillet vers 6 heures du soir par une lave claire formée de boue et de blocs atteignant plusieurs mètres cubes.

Dans la partie supérieure du bassin du Charmaix, le ruissellement a été très intense, le gazon, après une longue période de sécheresse locale, ayant été absolument impuissant à ralentir l'écoulement des eaux. La crue qui s'est produite a occasionné l'affouillement des berges et le déracinement de nombreux arbres qui ont créé des barrages temporaires. Les matériaux charriés se sont déposés suivant le mode habituel de triage dès que la coulée a pu s'étaler. Il n'y a eu ni transport en masse, ni destruction soudaine de bâtiments. Toutefois, la voie ferrée a été remblayée sur une longueur de 500 mètres et, sur une hauteur de 5 mètres, la route nationale a été recouverte sur un parcours de 200 mètres, enfin les maisons situées en aval du Charmaix ont été remplies de boue jusqu'à 1 mètre ou 1 m. 50. Les dégâts ont été évalués à 600,000 francs.

Bassin du Bastan (Hautes-Pyrénées). — A la suite d'un orage survenu le 9 septembre, les eaux pluviales se sont concentrées rapidement dans le bassin supérieur du ruisseau de Sobralets et ont entamé les berges, en entraînant un certain nombre d'arbres. La lave qui s'est ainsi formée a fortement endommagé plusieurs maisons du village de Betponey.

Bassin du Gave de Pau. — Le 17 décembre, vers 10 heures du matin, à la suite de pluies presque continues qui duraient depuis quinze jours environ, le petit ruisseau de l'Arthère a causé dans le village d'Ouzous une véritable catastrophe. Ce ruisseau prend sa source sur le flanc méridional d'une longue crête de 1,400 mètres d'altitude. Un vaste entonnoir rocheux, complètement déboisé et couvert de maigres pâtures, constitue la partie supérieure du bassin. Vers les granges d'Illens, à l'altitude de 750 mètres, il traverse des lambeaux morainiques accolés au flanc de la montagne.

Les pluies persistantes ayant imbibé jusqu'à saturation cette terrasse morainique, un pan s'en est détaché brusquement et, délayé par les eaux, a formé une lave qui s'est étalée sur la rive gauche du ruisseau, a détruit cinq maisons et a causé la mort de neuf personnes; le volume de cette lave a été évalué à 300,000 mètres cubes.

Le même jour, vers 6 heures du soir, le ruisseau de Penay, parallèle à celui d'Ouzous et descendant de la même crête, a causé de graves dégâts, mais purement matériels, au village de Salles. Ce ruisseau coule, comme le précédent, sur des boues glaciaires, mais qui ne sont pas disposées en terrasse, de sorte qu'il a seulement creusé son lit et affouillé ses berges et s'est ainsi chargé de terre et de blocs rocheux. Cinq habitations ont été complètement détruites.

Année 1907. Bassin de la Lergue (Hérault). — Pendant l'orage des 25-26 septembre, une véritable trombe d'eau s'est abattue sur les séries de reboisement de Parlatges et de Saint-Étienne-de-Gourgas: la Prinelle, considérablement grossie, a pris les allures d'un torrent, mais les versants à pente rapide, qui sont compris dans les séries et qui étaient profondément ravinés avant leur reboisement, n'ont présenté aucune trace de dégradation après l'orage.

A Saint-Étienne, où la Prinelle vient se réunir à la Brize, affluent de la Lergue, les dégâts causés par l'inondation ont été peu importants. Il paraît certain que les travaux de reboisement ont sauvé le village d'un désastre; c'est l'avis des propriétaires riverains.

Bassins de l'Hérault et de la Dourbie (Gard). — Malgré les très fortes chutes d'eau constatées du 24 au 30 septembre dans le massif de l'Aigoual, les dégâts causés dans cette région ont été relativement insignifiants et l'influence du reboisement s'est nettement manifestée.

Le village de Trèves notamment, dans le bassin du Trèvesel, affluent de la Dourbie, a été protégé par la végétation forestière, qui a empêché l'écoulement brusque des eaux pluviales.

Bassin de la Cèze. — Quatre crues se sont succédé du 27 septembre au 24 octobre, mais celle du 16 octobre a été la plus forte. Les matériaux arrachés aux flancs des montagnes dénudées ont été entraînés par la Cèze et déposés dans les plaines fertiles de son bassin inférieur, mais les dégâts ont été à peu près nuls dans les périmètres de restauration, qui n'ont fourni à la rivière ni boues ni graviers.

Bassin des Gardons. — Les pertes matérielles dues aux crues qui se sont produites dans le bassin des Gardons ont été évaluées à plus de 1 million. De même que dans le bassin de la Cèze, la crue du 16 octobre a été la plus forte. On a pu faire les mêmes constatations en ce qui concerne les terrains boisés ; les séries de restauration n'ont pas souffert, tandis que des ravins profonds se sont formés dans les terrains dénudés.

Les inondations de 1907 dans l'Hérault et dans le Gard ont présenté ce caractère particulier que les très fortes chutes d'eau ont eu lieu surtout dans les plaines, c'est-à-dire en dehors de la zone d'influence des forêts et des reboisements.

Bassins divers (Lozère). — Les crues se sont produites pendant les mois de septembre et d'octobre, comme dans les départements voisins.

Le Lot n'a pas causé beaucoup de dégâts. Les habitants de Mende ont estimé, d'après le débit de la rivière, que les travaux de restauration effectués dans la vallée supérieure ont retardé l'arrivée du flot de chaque affluent provenant des terrains reboisés ; les crues ont été ainsi régularisées.

A Pont-de-Montvert, la crue du Tarn s'est produite une demi-heure après celle du Martinet, son affluent. Par suite de ce retard, dû aux travaux de reboisement, le bourg de Pont-de-Montvert a été préservé et n'a subi aucun dommage.

Le Tarnon n'a causé que des dégâts insignifiants ; là encore l'influence du reboisement s'est manifestée. (Planches 51 à 55.)

Écoulement de terres imbibées d'eau. — La définition donnée précédemment, au chapitre II, pour les éboulements et les glissements de berges, laisse de côté un phénomène d'une nature

51. Périmètre du Gave de Pau (Hautes-Pyrénées). Série de Cauterets. — Torrent de Lizey. Lave de 1895.

52. Périmètre la Pique (Haute-Garonne). — Pont de Cazaux. Crue de 1897.

53. Périmètre du Vicdessos (Ariège). Série de Siguer. — Torrent d'Embessal. Crue de 1897.

54. Périmètre de la Haute-Isère (Savoie). Série de Bozel. — Torrent de Bonrieux. Crue de 1904.

55. Village de Betpouey (Hautes-Pyrénées). — Ruisseau de Sobralets. Crue de 1906.

particulière; il s'agit de terres, insuffisamment protégées par la végétation et imbibées d'eau, qui fluent sur les pentes et s'écoulent dans les ravins, où elles sont reprises par les crues pour former des laves.

La coulée de Fontcouverte (Savoie) est particulièrement remarquable. Les terres provenant des schistes liasiques qui forment les bassins des affluents de gauche du torrent de Villarambert étaient autrefois boisées, ainsi que l'indique la présence dans le sol de troncs et de souches d'épicéa, mais elles ne sont recouvertes actuellement que d'un maigre tapis végétal, impuissant à absorber et à évaporer l'eau provenant au printemps de la fusion de la neige, laquelle se produit brusquement par suite de l'absence de végétation forestière.

Ces terres imbibées d'eau s'écoulent sur les pentes avec une vitesse annuelle qui varie de 0 m. 20 dans la partie supérieure à 10 mètres dans la partie inférieure.

La contenance du terrain en mouvement est d'environ 200 hectares.

Autres formes d'éboulements. — L'infiltration des eaux météoriques, aidée quelquefois par des phénomènes de dissolution, dans le cas du gypse par exemple, peut déterminer l'écroulement brusque de fragments de falaises rocheuses ou de grandes masses de dépôts glaciaires ou fluvio-glaciaires.

On peut citer les éboulements de l'Arbonne (Savoie), du Laou d'Esbas (Haute-Garonne), du Sécheron (Savoie), du Lizey et d'Ouzous (Hautes-Pyrénées).

Dans certaines circonstances, les blocs enchâssés dans la terre se détachent successivement; c'est ainsi que les choses se passent au dérochoir des Arandellys (Haute-Savoie).

On a vu précédemment que la désagrégation des roches granitiques laisse souvent des blocs intacts. Dans le cas où ce phénomène se produit sur un versant à forte pente, l'arène est entraînée par les eaux pluviales, et les blocs, n'étant plus retenus, tombent au bas du versant; tels sont les éboulements de la Bole (Pyrénées-Orientales) et de Péguère (Hautes-Pyrénées).

Les éboulements de terrains meubles et les glissements sont souvent désignés sous le nom d'arrachements; la végétation protectrice étant inégalement répartie, les eaux pluviales imbibent surtout les parties dénudées, qui perdent leur cohésion, de sorte que la masse inférieure se détache, ou, en d'autres termes, est arrachée par l'action de la pesanteur. (Planches 56 à 57.)

Avalanches. — Dans les périmètres de restauration, les avalanches de fond, ou avalanches terrières, qui sont les plus fréquentes, ont pour effet d'empêcher le reboisement des versants qu'elles parcourent habituellement et d'entraîner dans les thalwegs les matériaux provenant de la dégradation du sol et de la désagrégation des roches.

De plus, la neige d'avalanche, accumulée dans les gorges torrentielles, peut former des barrages temporaires derrière lesquels les eaux pluviales s'emmagasinent et qu'elles finissent par emporter en occasionnant quelquefois de graves dégâts dans la région inférieure.

Les avalanches volantes, ou avalanches de poussière, constituées par des masses de neige pulvérulente en suspension dans l'air et retombant accompagnées d'un violent courant d'air, sont plus à redouter que les premières.

L'énergie de mouvement de l'air se trouve très fortement accrue par l'augmentation de valeur de sa masse et les effets destructeurs d'un ouragan sont considérablement amplifiés.

Si on peut employer les murs d'arrêt et les banquettes pour retenir la neige et empêcher la formation des avalanches terrières, le reboisement seul peut mettre obstacle à la formation des avalanches volantes.

C'est un phénomène de cette nature qui a ravagé la station

56. Périmètre de la Pique (Haute-Garonne). Série de Juzet-de-Luchon.
Torrent de Médan, éboulement d'une berge. Schistes cambriens.

57. Périmètre de l'Arc Inférieur (Savoie). Série de Fontcouverte. — Torrent de Villarembert.
Rimaye gauche du glissement de Fontcouverte.

58. Périmètre de l'Arve (Haute-Savoie). Série de Chamonix. — Avalanche du couloir
de la Flégère en 1904.

59. Périmètre de la Pique (Haute-Garonne). Série de Luchon. — Cône du Laou d'Esbas.
Effets des avalanches 1903-1904.

60. Périmètre du Bastan (Hautes-Pyrénées). Série du Betpouey. — Avalanche de 2 juin 1897, à Barèges.

thermale de Barèges (Hautes-Pyrénées) le 2 février 1907; vingt et une maisons ont été détruites, les deux hôtels et l'hôpital militaire ont été endommagés et trois personnes ont péri.

Une avalanche volante entraîne souvent par son passage la formation d'une avalanche de fond qui se combine avec la première.

Les principales causes permanentes de la production des avalanches sont la pente du terrain, l'exposition, la nature superficielle du sol; les causes accidentelles sont le vent, la pluie, la température. (Planches 58 à 60.)

CHAPITRE V.

TRAVAUX DE RESTAURATION.

Définition. — Étendue des périmètres de restauration.
Projets de restauration.

Définition. — Quelques géologues ont exprimé l'avis que la formation d'un torrent est un phénomène dont rien ne peut enrayer le développement.

Si on accepte cette opinion, il ne reste qu'à laisser se poursuivre la démolition de la montagne et à chercher à défendre les vallées contre les manifestations torrentielles de toute nature.

La protection contre les torrents peut s'obtenir, dans une certaine mesure, lorsque la pente-limite est atteinte, en installant une canalisation destinée à conduire aux rivières les matériaux arrachés aux flancs des montagnes; mais le danger n'est que déplacé, il est transporté de la vallée torrentielle dans la vallée principale.

On peut aussi créer des places de dépôt que l'on est obligé de curer lorsqu'elles sont comblées par les matériaux charriés.

D'autres géologues pensent qu'il est possible de retarder l'activité d'un torrent en captant les eaux par des canalisations, en vue de les utiliser pour l'industrie.

On pourrait recourir dans le même but à la construction de barrages de retenue d'eau, en donnant aux murs des réservoirs une hauteur suffisante pour emmagasiner les eaux d'une crue. Ces eaux seraient employées pour les besoins de l'industrie ou de l'agriculture, de sorte que les crues deviendraient bienfaisantes au lieu d'être dévastatrices.

Des travaux de cette nature, très dispendieux le plus souvent, sont susceptibles d'être effectués dans certains cas, lorsque la disposition du terrain et les conditions économiques de la région s'y prêtent, mais on ne saurait les présenter comme une solution générale de la question.

Les forestiers considèrent les choses d'un autre point de vue.

Ainsi qu'on l'a indiqué précédemment, la rapidité du déblai d'un torrent dépend surtout de la masse fluide en mouvement, de la pente du lit et de la résistance du terrain.

Il faut donc tout d'abord chercher à retarder le ruissellement et à diminuer le débit, et de plus à retenir les débris de roches gisant sur les pentes.

On arrive à ce résultat en couvrant de végétation forestière la surface du sol, y compris les dépressions ou sillons préexistants.

Quand les sillons commencent à s'accentuer et que leur plantation immédiate n'est plus possible, on consolide le terrain et on diminue en même temps la pente en les barrant au moyen de petits ouvrages qui s'opposent à l'approfondissement ultérieur du lit. Ces ouvrages consistent en barrages en mottes de gazon ou en pierre sèche, en fascinages ou en clayonnages ; quand le bois est assez abondant à proximité, ce qui est rare dans les régions élevées, on a recours au garnissage continu du lit, avec des points d'arrêt de distance en distance.

On peut s'en tenir à ces travaux quand il s'agit de torrents ne menaçant pas directement un village ou une voie de communication fréquentée, ou bien quand le fond du lit est relativement résistant. Les petits ouvrages de correction retiennent les blocs provenant de la partie supérieure du bassin et empêchent ainsi l'érosion du lit du torrent par ces blocs ; les plantations, de leur côté, mettent obstacle au ruissellement et diminuent graduellement le débit du torrent.

Dans la région des Cévennes et du Massif central, les travaux de restauration qui viennent d'être indiqués sont suffisants, mais dans les Alpes et dans les Pyrénées, il faut le plus souvent modifier la pente et la résistance du lit des torrents eux-mêmes. On y parvient généralement par la construction de barrages ou de seuils, en pierre sèche ou en maçonnerie selon les circonstances.

On peut aussi avoir à combattre l'instabilité d'un versant qui glisse sous l'action de la pesanteur, ou qui flue par suite de l'imbibition par les eaux pluviales, ou enfin qui s'éboule parce que sa base a été profondément affouillée. On obtient le résultat cherché en épaulant les terres en éboulement au moyen d'un atterrissement provoqué par la construction d'un barrage, ou en asséchant le sol au moyen de canaux de drainage et parfois de rigoles d'assainissement pavées, de manière à en assurer la stabilité.

Enfin on empêche le transport des matériaux par les avalanches en retenant les neiges au moyen de murs d'arrêt ou de banquettes.

Les travaux de reboisement et de correction seront examinés plus loin avec quelques détails[1].

---

[1] Decoppet, *Journal forestier suisse*, numéro de mars-avril 1908. «La question est complexe et loin d'être résolue.

«Si la forêt possède un rôle bienfaisant et protecteur, ce rôle est limité; pas plus que les travaux de correction seuls, le boisement ne saurait éteindre les torrents dangereux.

«La lutte doit se faire en effet dans deux directions : en consolidant le lit du torrent tout en brisant la force vive de l'eau; d'autre part, en retardant l'écoulement dans le bassin de formation.

«Le premier de ces points est atteint par la correction, le second par le reboisement...

«Les reboisements ne doivent pas seulement compléter l'œuvre de la correction. Mais, au contraire, la force de résistance à donner aux travaux de correction doit dépendre de l'effet produit par le reboisement du bassin nourricier. Souvent un reboisement effectué à temps et des ouvrages de minime importance suffisent à prévenir la naissance de ravins dont la restauration ultérieure coûterait des sommes importantes...

«D'excellents résultats ont été obtenus et beaucoup de torrents ont été domptés par les travaux des ingénieurs. A une certaine époque, la correction absorbait bien souvent la somme totale dépensée pour la régularisation des eaux, mais aujourd'hui on accorde au reboisement la part qui lui revient dans l'œuvre de la restauration...

«Le mot «extinction» doit être entendu dans un sens très relatif. L'existence de surfaces rocheuses étendues, l'inaptitude des essences forestières à prospérer au-dessus d'une certaine région, enfin l'irréductibilité des pâturages, ressource principale des

Étendue des périmètres de restauration. — Sur quelle étendue doivent porter les travaux de restauration?

D'après Surell et ses continuateurs directs, il y a lieu d'englober dans un même projet de périmètre le bassin de réception d'un torrent et les berges de la gorge.

Mais si on remarque que la formation d'un torrent n'est autre chose que l'expression des conditions de relief, de terrain, de climat et de végétation superficielle d'une certaine région, on peut être assuré que sur toute l'étendue de cette région des phénomènes torrentiels peuvent se produire. Non seulement des affluents du torrent principal se forment souvent, mais des excoriations, des ravins et des combes se développent successivement sur tout le versant. Il faut remarquer de plus qu'il y a intérêt à réduire le débit par des reboisements aussi étendus que possible, afin d'éviter les fortes crues, qui sont toujours dangereuses en montagne. Tout approfondissement dans une section d'un torrent entraîne en effet de proche en proche le déblai du lit en remontant vers l'amont, et ce déblai provoque des éboulements dont l'importance est en rapport avec la hauteur des berges.

On est donc amené à englober dans les périmètres la plus grande partie possible des bassins torrentiels et de leurs abords, et par suite à relier les terrains à restaurer appartenant aux bassins de torrents voisins.

Il faut avoir soin d'y comprendre aussi une section au moins de la partie stable du lit des torrents, afin de pouvoir construire des ouvrages de base servant de points de départ pour la correction.

Projets de restauration. — En ce qui concerne les travaux de restauration, Surell et Costa de Bastelica recommandent l'établissement préalable, pour chaque torrent, d'un « plan d'extinc-

montagnes, ne permettent pas aux boisements de passer certaines limites. Ce n'est donc qu'à une amélioration plus ou moins sensible de l'état actuel qu'il est permis de viser. »

IMPRIMERIE NATIONALE.

tion » dont ils indiquent le canevas, avec l'ordre à suivre dans l'exécution des travaux.

Cette formule de « plan d'extinction » est trop précise, puisqu'on ne peut que rarement éteindre un torrent; de plus, elle n'est pas suffisamment compréhensive, puisqu'elle laisse de côté les terrains dégradés de la région des Cévennes et du Massif central. On doit lui préférer celle de « restauration des terrains en montagne », qui a été très heureusement choisie pour définir le but et la portée de la loi du 4 avril 1882.

On établit donc des projets de restauration ou des projets de travaux de restauration à effectuer dans chaque série.

Dans son dernier ouvrage, Demontzey a résumé la synthèse de la méthode adoptée et il a indiqué la marche des travaux de correction ainsi que l'ordre chronologique à suivre pour l'ensemble des travaux de restauration; il n'y a pas lieu de reproduire ici ces utiles renseignements.

On peut cependant remarquer que la marche des travaux de reboisement est réglée par la succession des saisons, ou plus exactement par les conditions météorologiques locales, variables d'ailleurs d'une année à l'autre; on reboise d'abord au printemps les parties basses, pour s'élever peu à peu sur les hauteurs au fur et à mesure que la neige disparaît, et on descend suivant les pentes quand on est chassé des sommets par les intempéries.

Les prévisions ne peuvent donc avoir qu'une valeur toute relative.

En ce qui concerne les travaux de correction, il est prudent de ne construire d'abord qu'un ouvrage de base résistant, et, sans pourtant que ce soit indispensable, de petits ouvrages de tête au sommet des ramifications; on continue ensuite la correction à partir de la base, selon les circonstances.

Le barrage de base doit être placé vers l'amont de la partie stable du lit.

On empêche ainsi, momentanément tout au moins, l'usure du lit de s'étendre à l'amont; on construit ensuite d'autres barrages si l'approfondissement se produit avec une certaine intensité à partir de l'atterrissement provoqué par le premier ouvrage.

Ce qu'il faut éviter, c'est d'établir des barrages « suspendus », qui sont appelés nécessairement à disparaître par suite du creusement de l'aval vers l'amont.

Il arrive quelquefois qu'un torrent est coupé par une barre rocheuse; cette barre constitue un point fixe qui peut servir de point de départ pour un système de correction.

Enfin, il faut surveiller attentivement la partie inférieure du lit, qui peut devenir à un moment donné l'objet d'un creusement répercuté de l'aval, afin d'y remédier en temps utile.

Moins encore que le reboisement, la correction ne peut donc faire l'objet de prévisions de quelque étendue.

CHAPITRE VI.

VÉGÉTAUX LIGNEUX ET HERBACÉS EMPLOYÉS DANS LES TRAVAUX DE RESTAURATION.

Arbres. — Tilleul à grandes feuilles (*Tilia grandifolia*). Érable sycomore (*Acer pseudo-platanus*). Ailante glanduleux (*Ailantus glandulosa*). Robinier faux-acacia (*Robinia pseudo-acacia*). Cytise des Alpes (*Cytisus alpinus*). Cerisier merisier (*Cerasus avium*). Cerisier Mahaleb (*Cerasus Mahaleb*). Alisier blanc (*Sorbus aria*). Sorbier des oiseleurs (*Sorbus aucuparia*). Frêne commun (*Fraxinus excelsior*). Orme de montagne (*Ulmus montana*). Hêtre commun (*Fagus sylvatica*). Châtaignier commun (*Castanea vulgaris*). Chêne rouvre (*Quercus robur*). Chêne yeuse (*Quercus ilex*). Ostrya à feuilles de charme (*Ostrya carpinifolia*). Bouleau verruqueux (*Betula verrucosa*). Aune glutineux (*Alnus glutinosa*). Aune blanc (*Alnus incana*). Aune vert (*Alnus viridis*). Saule (*Salix*). Peuplier blanc (*Populus alba*) Peuplier tremble (*Populus tremula*). Peuplier noir (*Populus nigra*). Cyprès pyramidal (*Cupressus fastigiata*). Sapin pectiné (*Abies pectinata*). Épicéa commun (*Picea excelsa*). Mélèze d'Europe (*Larix europæa*). Cèdre de l'Atlas (*Cedrus atlantica*). Pyn sylvestre (*Pinus sylvestris*). Pin laricio (*Pinus laricio*). Pin laricio d'Autriche (*Pinus austriaca*). Pin laricio des Cévennes ou de Saltzmann (*Pinus laricio cebenensis, vel Salzmanni*). Pin d'Alep (*Pinus halepensis*). Pin maritime (*Pinus pinaster*). Pin cembro (*Pinus cembra*).

Arbrisseaux. — Clématite des haies (*Clematis vitalba*). Corruyère à feuilles de myrte (*Coriaria myrtifolia*). Bugrane arbrisseau (*Ononis fruticosa*). Anthyllide (*Anthyllis*). Prunier de Briançon (*Prunus brigantiaca*). Argousier rhamnoïde (*Hippophaë rhamnoïdes*). Cendrier noisetier (*Corylus avellana*). Génévrier commun (*Juniperus communis*).

Plantes herbacées vivaces. — Pavot des Alpes (*Papaver alpinum*). Violette jaune (*Viola lutea*). Lin des Alpes (*Linum alpinum*). Trèfle des Alpes (*Trifolium alpinum*). Esparcette cultivée (*Onobrychis sativa*). Benoite traçante (*Geum reptans*). Laser de France (*Laserpitium gallicum*). Valériane des Pyrénées (*Valeriana Pyrenaïca*). Plantain des Alpes (*Plantago alpinum*). Lasiagrostide calamagrostide (*Lasiagrostis calamagrostis*). Avoine toujours verte (*Avena sempervirens*). Arrhenaterum avoine (*Arrhenaterum avenaceum*). Fétuque ovine (*Fetuca ovina*). Fenasse brune.

ARBRES.

Tilleul à grandes feuilles (*Tilia grandifolia*). — Le tilleul à grandes feuilles a été planté dans les sols frais et peu élevés des Alpes-Maritimes et des Pyrénées.

La graine, semée au printemps, ne germe ordinairement qu'au bout d'une année; il supporte parfaitement la transplantation.

Il repousse bien de souche et donne d'épaisses cépées. Son enracinement, formé de racines plongeantes et de racines traçantes, est profond et étendu.

Le bois peut être utilisé pour la menuiserie, la sculpture et le tour.

Érable sycomore (*Acer pseudo-platanus*). — Le sycomore a été employé, en mélange avec d'autres essences, dans les Alpes jusqu'à 1,500 mètres environ, dans la Haute-Garonne entre 700 et 800 mètres, et dans les Hautes-Pyrénées jusqu'à 1,700 mètres; dans la Haute-Garonne, il a été associé à l'érable planc (*Acer platanoïdes*).

La graine germe un mois environ après le semis du printemps.

. La racine du jeune plant donne beaucoup de chevelu, de sorte que la transplantation est facile.

Il recherche les expositions fraîches et les sols profonds, et quand il est placé dans ces conditions il présente une croissance active. Il repousse bien de souche et son couvert est épais.

L'enracinement se compose de racines longues et minces.

Le bois est recherché pour la menuiserie et l'ébénisterie.

Ailante glanduleux (*Ailantus glandulosa*). — L'ailante a été utilisé avec le robinier et d'autres feuillus dans les terrains suffisamment profonds et meubles.

Il repousse bien de souche et drageonne abondamment. Son couvert est léger.

Quoique l'arbre résiste bien au froid, les extrémités des jeunes plants des drageons ou des rejets ne sont pas suffisamment lignifiées à la fin de la période de végétation et sont détruites par les gelées.

Il peut être employé jusqu'à l'altitude de 1,000 mètres dans les berges et les atterrissements; le plus simple est de transplanter des drageons.

En ce qui concerne la qualité de son bois, Mathieu fait remarquer « qu'il n'est pas plus bois d'ébénisterie que le frêne, le micocoulier et bien d'autres espèces indigènes auxquelles il ressemble un peu par la structure et la couleur, sans les valoir pour la densité, l'élasticité et le poli, puisqu'il est beaucoup plus poreux ».

Robinier faux-acacia (*Robinia pseudo-acacia*). — Par sa grande rusticité, par son aptitude à rejeter de souche et à drageonner, par sa croissance rapide, par la qualité de son bois presque privé d'aubier, le robinier mérite de prendre place parmi les essences de reboisement.

Ses longues racines latérales traçantes, qui drageonnent sur leur parcours, permettent de l'employer pour fixer superficiellement les berges et les talus.

Son couvert est léger et ses branches sont un peu fragiles.

Il croît sur les sols meubles, un peu frais de préférence.

Il ne dépasse pas l'altitude de 800 à 1,200 mètres, selon les régions, ses jeunes pousses étant exposées à geler à de plus grandes altitudes.

Cytise des Alpes (*Cytisus alpina*). — Le cytise des Alpes, qui atteint jusqu'à 10 mètres de hauteur et parvient à l'altitude de 1,500 mètres, n'est pas sans intérêt à cause de la qualité de son bois.

Il croît sur les sols calcaires; on l'a employé avec succès pour la fixation des berges dans les éboulis et les boues glaciaires.

Le cytise des Alpes a parfaitement réussi jusqu'à 1,700 mètres dans les mauvais sols de la Haute-Garonne, aux diverses expositions.

Dans la Lozère, il sert à consolider les berges mouvantes, où il est de reprise facile, et peut, sans trop en souffrir, être recouvert par des atterrissements de 0 m. 20 à 0 m, 30 d'épaisseur, pourvu qu'ils ne dépassent pas le bourgeon terminal.

Le cytise à feuilles sessiles, arbrisseau de 1 à 2 mètres de hauteur, est très commun dans les Alpes, sur les sols secs et pierreux de la région des oliviers, qu'il dépasse même pour atteindre l'altitude de 700 à 800 mètres.

Cerisier merisier (*Cerasus avium*). — Le merisier habite la zone du hêtre. Il préfère les expositions chaudes et se rencontre dans tous les sols, pourvu qu'ils soient suffisamment frais et profonds.

Les graines disséminées par les oiseaux germent facilement et le jeune plant présente une croissance rapide.

L'enracinement se compose de fortes et longues racines plongeantes, drageonnant quelquefois.

Le bois est recherché pour l'ébénisterie et le tour.

Le merisier est utilisé dans la Lozère dans les mêmes conditions que le cytise; dans les Alpes-Maritimes, on l'emploie également pour la fixation des talus et des atterrissements.

Cerisier Mahaleb (*Cerasus Mahaleb*). — Petit arbre, ou arbrisseau, le cerisier mahaleb croît sur les terrains rocheux calcaires. Pourvu d'un solide enracinement, il peut rendre des services dans les sols secs de la région moyenne des Alpes.

Alisier blanc (*Sorbus aria*). — Extrêmement rustique, profondément enraciné, s'accommodant de tous les sols, atteignant jusqu'à 2,000 mètres d'altitude dans les Pyrénées, l'alisier blanc peut être utilement employé sur les sols calcaires, où les autres essences ne réussissent pas. Il repousse bien de souche.

L'alisier nain, arbrisseau de o m. 5o à 1 mètre, atteint l'altitude de 2,2oo mètres.

Sorbier des oiseleurs (*Sorbus aucuparia*). — Plus rustique que le précédent, aussi profondément enraciné, croissant de préférence sur les sols légers et un peu frais, le sorbier des oiseleurs s'élève dans la montagne à l'altitude de 2,ooo mètres au moins. Il drageonne et rejette de souche.

Son bois a les mêmes qualités que celui de l'alisier blanc.

Frêne commun (*Fraxinus excelsior*). — Fortement enraciné, d'une croissance rapide, repoussant bien de souche, fournissant un bois recherché pour le charronnage, le frêne peut être utilisé avantageusement dans les sols meubles et frais qui bordent les ravins. Dans les terrains de cette nature, il a donné de bons résultats dans les coteaux du département de l'Aude, dans la Haute-Garonne jusqu'à 1,4oo mètres environ, et dans les Hautes-Pyrénées jusqu'à 1,7oo mètres.

Dans les Alpes, il sert, avec le sycomore, l'aune, le tremble, le saule et le peuplier, à garnir les atterrissements des barrages et la partie inférieure des berges des torrents.

Orme de montagne (*Ulmus montana*). — L'orme de montagne dépasse l'altitude de 1,5oo mètres; il préfère les sols frais et meubles, mais se trouve aussi dans les terrains secs. Son couvert est assez épais et son enracinement est solide. Son bois est peu estimé.

L'orme champêtre, dont le bois est recherché, drageonne abondamment.

Hêtre commun (*Fagus sylvatica*). — Le hêtre est l'essence spontanée par excellence des Pyrénées et des Cévennes; il est moins répandu dans les Alpes.

On l'a employé dans le Puy-de-Dôme de 500 à 1,000 mètres d'altitude, dans la Haute-Savoie de 900 à 1,400 mètres, dans la Lozère à toutes les altitudes, dans l'Ardèche de 1,100 à 1,500 mètres, au mont Ventoux de 800 à 900 mètres, dans l'Hérault de 600 mètres jusqu'au sommet des versants, dans le Gard de 800 à 1,500 mètres, dans l'Aude de 800 à 1,000 mètres.

On l'a introduit, souvent avec succès, en sous-étage entre 1,200 et 1,700 mètres dans la Haute-Garonne, et entre 1,400 et 1,800 mètres dans les Hautes-Pyrénées, où il dépasse cette dernière altitude.

Il préfère les sols meubles et assez frais; toutefois, les sols pierreux même lui conviennent.

Il est indifférent à la nature minéralogique du terrain. On sait qu'il supporte bien le couvert et qu'il croît en massif serré.

La faîne étant de conservation assez difficile, on la sème habituellement en automne. La germination se produit vers la fin d'avril; cette circonstance, jointe à la consistance herbacée des tissus du jeune plant, le rend sensible à l'action du soleil et à celle du froid.

Au début, la racine se compose d'un pivot, mais, vers l'âge de 3 ans, des racines latérales obliques pourvues d'un abondant chevelu se développent.

C'est à partir de ce moment que la transplantation s'effectue facilement.

A cause de sa sensibilité aux influences atmosphériques, on ne l'introduit par semis que dans les terrains où il peut trouver un abri suffisant.

Son bois est très employé pour l'industrie; il fournit aussi des traverses de chemins de fer estimées.

Châtaignier commun (*Castanea vulgaris*). — Cette essence calcifuge est très répandue dans les sols meubles, schisteux ou granitiques des Cévennes.

Le jeune plant est résistant et végète vigoureusement.

Le châtaignier est remarquable par sa faculté de rejeter de souche à un âge avancé; il fournit des cépées touffues et vigoureuses.

Son enracinement comprend un pivot et de fortes racines latérales.

Il croît en massif assez serré.

Il atteint l'altitude de 1,200 mètres dans les Pyrénées et de 950 mètres environ dans la Lozère.

Il présente une végétation vigoureuse dans les éboulis de grès d'Annot.

Des reboisements en châtaignier ont été effectués entre 400 et 800 mètres dans l'Aude et dans les Pyrénées-Orientales.

Son bois est recherché pour la fente; il fournit un extrait employé pour le tannage et pour la teinture de la soie.

Chêne rouvre (*Quercus robur*). — Le chêne rouvre atteint exceptionnellement dans nos montagnes l'altitude de 1,600 mètres.

Les sols meubles, assez profonds et un peu frais lui conviennent.

La variété connue sous le nom de chêne rouvre pubescent est celle qui présente surtout de l'intérêt en ce qui concerne le reboisement, parce qu'elle s'accommode des expositions chaudes et des terrains calcaires secs, à condition qu'ils soient suffisamment profonds; les feuilles étant de dimensions moindres et de consistance plus coriace que celles des autres chênes, la transpiration est moins active et les exigences à l'égard du sol ne sont pas les mêmes.

Son emploi est assez limité; on peut le planter sur les berges des ruisseaux, dans les anciennes terres de culture, dans les pineraies clairiérées, où d'ailleurs il s'introduit naturellement par suite de l'apport des glands par les oiseaux.

Les glands se sèment soit en automne, soit à la fin de l'hiver; il est préférable de les récolter sur place.

L'enracinement pivotant et plongeant du chêne, sa rusticité, son aptitude à rejeter de souche, la qualité enfin de son bois sont de nature à le faire cultiver lorsque les conditions du terrain lui sont favorables.

Le chêne a été employé au mont Ventoux, dans les Basses-Alpes et dans les Alpes-Maritimes aux altitudes de 600 à 1,000 mètres; dans le Puy-de-Dôme, de 500 à 1,000 mètres; dans la Lozère et dans l'Ardèche, de 200 à 800 mètres; dans l'Hérault, au-dessous de 600 mètres.

On l'a semé ou planté, dans l'Aude, de 400 à 900 mètres, dans les Pyrénées-Orientales, de 500 à 1,100 mètres, et dans les Hautes-Pyrénées, à 1,200 mètres.

Les peuplements constitués au moyen de cette essence occupent des sols granitiques, schisteux ou calcaires.

Chêne yeuse (*Quercus ilex*). — Très rustique, se propageant par drageons et donnant de vigoureux rejets de souche, le chêne yeuse ou chêne vert n'est pas sans intérêt pour le reboisement des terrains ingrats de la région méditerranéenne.

Ses feuilles persistantes et coriaces sont le siège d'une transpiration très peu active, et, d'un autre côté, son enracinement pivotant lui permet d'utiliser la fraîcheur des couches inférieures du sol; aussi, de même que le pin d'Alep, il réussit aux expositions chaudes et sur les terrains calcaires.

Son bois n'est pas apprécié comme il pourrait l'être; il est vrai qu'il n'a été cultivé jusqu'à ce jour qu'en taillis simple en vue de la production d'écorce à tan.

Le chêne vert donne de bons résultats dans les Basses-Alpes au-dessous de 600 mètres, dans les Alpes-Maritimes au-dessous de 800 mètres, dans l'Aude au-dessous de 500 mètres et dans les Pyrénées-Orientales au-dessous de 600 mètres. Il occupe des sols siliceux aussi bien que des sols calcaires, mais les sols argilo-calcaires très compacts lui conviennent peu.

Il végète dans de bonnes conditions aux expositions chaudes.

Ostrya à feuilles de charme (*Ostrya carpinifolia*). — L'ostrya à feuilles de charme, ou charme-houblon, atteint dans la partie méridionale de la région des Alpes l'altitude de 800 à 900 mètres.

Aussi rustique que le chêne vert, il croît de préférence dans les terrains calcaires, pourvu qu'ils ne soient pas trop secs.

Sa croissance est rapide dans les éboulis et il couvre bien le sol.

Il repousse bien de souche et fournit des cépées vigoureuses, et à ce titre son introduction peut être utile dans les pineraies clairiérées. Son couvert est épais.

Son enracinement est pivotant et traçant.

Son bois est supérieur à celui du charme.

Bouleau verruqueux (*Betula verrucosa*). — Le bouleau vient dans tous les sols et à toutes les expositions et atteint de grandes altitudes, 2,000 mètres dans les Pyrénées; il réussit sur les éboulis.

Le bouleau se propage par ses graines légères entraînées par le vent; il repousse bien de souche et il est d'une très grande résistance aux intempéries.

Son enracinement est très faible et son couvert très léger, de sorte qu'il ne présente pas beaucoup d'intérêt pour le reboisement. Toutefois, il peut être utilisé sur les éboulis et en mélange avec les résineux aux grandes altitudes.

Il fournit un bon bois d'industrie.

Aune glutineux (*Alnus glutinosa*). — Atteignant 20 à 25 mètres de hauteur, l'aune se trouve assez rarement à l'état d'arbre, car il est habituellement traité en taillis simple.

Il repousse bien de souche et sa croissance est très rapide. Son enracinement est traçant.

Il est très répandu dans les Pyrénées où il atteint l'altitude de 1,500 mètres; on le trouve à toutes les expositions et sur tous les sols pourvu qu'ils soient suffisamment frais. Ses semences légères se répandent assez loin; aussi il prend rapidement possession des terrains remaniés par les eaux.

Il croît parfaitement sur les terrains gypseux des Alpes-Maritimes, surtout aux expositions fraîches.

Son bois n'est pas sans valeur : il est utilisé pour l'industrie, le tour et le chauffage.

Aune blanc (*Alnus incana*). — Essence calciphile, l'aune blanc est très répandu dans la région des Alpes où il atteint l'altitude de 1,800 mètres. Tout en recherchant les sols frais, il se contente des terrains secs et des expositions chaudes. Il repousse vigoureusement de souche, drageonne abondamment et se marcotte très facilement, de sorte qu'il garnit rapidement les emplacements où il a été introduit. Son enracinement est traçant, aussi on l'utilise surtout comme essence transitoire.

Il envahit les terres remaniées par les eaux et les bords des ruisseaux.

Son bois a les mêmes qualités et les mêmes emplois que celui de l'aune glutineux.

Aune vert (*Alnus viridis*). — Arbrisseau ne dépassant pas 4 mètres de hauteur, l'aune vert atteint une altitude supérieure à celle du pin cembro.

Il croît sur les sols siliceux et frais et aux expositions froides, de sorte que son emploi est assez limité.

Son aire d'habitation dans la région des Alpes est à peu près délimitée par le versant méridional de la vallée de la Durance.

Saule (*Salix*). — Le genre saule est largement représenté dans nos montagnes. Le couvert est léger, l'enracinement, un peu plongéant, comprend des racines nombreuses et ramifiées, la croissance est rapide, la multiplication s'effectue facilement, en général par boutures et par marcottes.

Les saules sont employés dans les mêmes conditions que les aunes, pour fixer les terres délayables, les berges des ravins et les bords des atterrissements des ouvrages de correction.

Leurs branches flexibles peuvent être utilisées dans les clayonnages et les garnissages.

On peut citer les espèces suivantes :

Le saule daphné (*salix daphnaïdes*) est une essence calciphile. C'est un arbre ou un arbrisseau, qui dépasse dans les Alpes l'altitude de 1,800 mètres et recherche les sols frais ou humides.

Le saule drapé (*salix incana*) atteint la même altitude et recherche les mêmes sols que le précédent.

Il croît à l'état d'arbrisseau ou de petit arbre dans les Alpes, les Cévennes et les Pyrénées. Il envahit rapidement les deltas torrentiels.

Le saule pourpre (*salix purpurea*), arbrisseau ou petit arbre répandu dans les trois régions, se contente de sols manquant un peu de fraîcheur; il dépasse 1,800 mètres.

Le saule marceau (*salix caprea*), qui végète dans les mêmes conditions d'altitude, présente plus d'intérêt que les autres parce qu'il croît sur tous les sols, tourbeux, marécageux, humides, frais, secs ou pierreux. Son couvert est peu épais, de sorte qu'il peut être utilisé avec d'autres essences sans en gêner le développement.

Il se bouture moins facilement que les autres saules, mais il se repousse très bien de souche et se propage par la dissémination de ses graines légères.

Ce petit arbre, qui peut atteindre 12 mètres de hauteur et 1 mètre de circonférence, se rencontre dans les Alpes, les Cévennes et les Pyrénées.

Le saule à grandes feuilles (*salix grandifolia*) est calciphile. Il croît sur tous les sols dans les Alpes et dans les Pyrénées où il dépasse l'altitude de 1,900 mètres. Ce n'est qu'un petit arbrisseau de 1 à 2 mètres de hauteur.

Parmi les saules alpestres, croissant à l'altitude de 1,800 à 2,400 mètres, les suivants présentent quelque intérêt : le saule glauque (*salix glauca*), le saule bleuâtre (*salix coesia*), le saule hasté (*salix hastata*) et le saule arbuste (*salix arbuscula*). Ce sont des sous-arbrisseaux formant des touffes de 1 mètre au plus de hauteur, que l'on trouve dans les Alpes et dans les Pyrénées.

Peuplier blanc (*Populus alba*). — Le peuplier blanc né dépasse pas l'altitude de 1,200 mètres. Il recherche les sols frais et profonds et se développe mal en massif. Son enracinement se compose d'un pivot et de longues racines traçantes qui drageonnent sur leur parcours.

On le propage, comme les grands saules, au moyen de boutures ou de plançons enfoncés de 0 m. 20 ou 0 m. 25 au moins en terre; les racines peuvent ainsi se développer sans être en contact avec celles des plantes gazonnantes et les plants n'ont pas à courir le risque d'être déchaussés par suite du décapage superficiel du sol.

Peuplier tremble (*Populus tremula*). — Le tremble atteint l'altitude de 1,800 mètres. Il s'adapte à tous les sols, mais préfère ceux qui sont frais ou humides.

Son enracinement est très superficiel, de sorte qu'il est exposé à être renversé par le vent ou entraîné par les eaux.

Il drageonne abondamment et devient ainsi envahissant; on le propage au moyen de drageons, car il se multiplie assez difficilement par boutures.

Peuplier noir (*Populus nigra*). — Le peuplier noir recherche les sols profonds et frais. Son enracinement comprend des racines plongeantes et des racines traçantes superficielles.

Il repousse bien de souche et se multiplie par drageons ou par boutures.

Il ne croît pas en massif.

Il s'élève jusqu'à 1,800 mètres sur les bords des torrents.

Cyprès pyramidal (*Cupressus fustigiata*). — La forme étalée est introduite depuis quelques années dans les sols calcaires du département de l'Aude, aux altitudes inférieures à 500 mètres.

Dans les sols secs et suffisamment profonds sa croissance est assez rapide ; il végète à toutes les expositions.

Son bois est estimé pour la petite charpente et la menuiserie.

Sapin pectiné (*Abies pectinata*). — Par son enracinement profond, sa résistance aux intempéries et même aux insectes, l'immunité de ses peuplements en ce qui concerne les incendies, sa faculté de croître en massif serré, la qualité enfin de son bois, le sapin pectiné mérite d'être introduit partout où les conditions de sol et de climat lui conviennent.

La graine ne se conserve que depuis la récolte, en automne, jusqu'au printemps.

On sait avec quelle facilité les repeuplements se font par voie de semis sous l'abri des massifs un peu clairs de pin ou de hêtre.

Cette substitution d'essence se fait naturellement quand une sapinière est contiguë à un terrain repeuplé en pin.

Il redoute les gelées du printemps ; c'est pour ce motif qu'on évite de le semer ou de le planter à découvert.

Le sapin peut être employé surtout aux expositions fraîches, de 1,000 à 1,800 mètres dans les Alpes de Provence et dans les Pyrénées, de 500 à 1,400 mètres dans les Cévennes.

On l'a utilisé avec succès dans l'Ardèche de 500 à 1,400 mètres, dans la Lozère jusqu'à 1,400 mètres, dans l'Hérault depuis 600 mètres jusqu'au sommet des versants, dans l'Aude vers 700 mètres et dans les Hautes-Pyrénées. Il a été placé dans des sols assez profonds et frais, granitiques, schisteux ou calcaires. L'exposition nord et un climat pas trop sec lui conviennent.

Quelques essais de sapin pinsapo ont été effectués dans l'Aude. Le sapin de Numidie qui croît dans la Kabylie orientale, à l'altitude de 1,600 à 2,000 mètres, n'a pas encore été introduit dans les repeuplements. Ces deux formes paraissent devoir mieux convenir aux terrains un peu secs que le sapin pectiné.

Épicéa commun (*Picea excelsa*). — On sait que le jeune plant d'épicéa est très faiblement enraciné et que par suite il est utile de lui laisser un abri pendant quelque temps pour que le sol ne se dessèche pas à la surface.

La graine, qui peut se conserver pendant 3 ou 4 ans, germe au bout de trente ou trente-cinq jours.

Les sols compacts et peu perméables ne lui conviennent pas.

L'exposition du Nord lui convient particulièrement.

Par la qualité de son bois il mérite d'être introduit sur tous les points où l'on rencontre les conditions météorologiques favorables à son développement : atmosphère humide, pluies assez fréquentes et rosées suffisamment abondantes. Ces conditions se présentent dans la partie septentrionale de la région des Alpes, et dans les régions des Cévennes, du Massif central et des Pyrénées; il peut y atteindre l'altitude de 1,800 mètres.

Dans les Alpes on l'a employé de 1,000 à 1,800 mètres. Dans le Massif central il a donné de bons résultats, au Mézenc, de 1,400 à 1,600 mètres. Dans la Lozère, dans l'Hérault, dans le Gard et dans l'Aude, on l'a utilisé à des altitudes variant de 500 à 1,400 mètres. Dans l'Ariège, la Haute-Garonne et les Hautes-Pyrénées, il a bien réussi aux expositions fraîches entre 700 et 1,700 mètres.

L'épicéa croît en massif serré, et sauf l'exception mentionnée ci-après son bois est aussi recherché que celui du sapin.

Dans le Puy-de-Dôme, où sa croissance est très active, les arbres sont atteints de pourriture au cœur à partir de l'âge de trente ans environ, tout en se maintenant en bon état de végétation. Le bois de ces arbres est inutilisable, même pour le chauffage.

Mélèze d'Europe (*Larix europæa*). — Le mélèze est une essence des grandes altitudes; ses feuilles sont caduques. On le rencontre dans les Alpes entre 800 et 2,300 mètres, mais c'est surtout entre 1,200 et 2,000 mètres qu'il forme de beaux massifs. A raison de l'altitude, sa croissance est lente.

Il se contente de tous les sols, quelle que soit leur origine minéralogique, pourvu qu'ils soient frais, meubles et profonds, conditions qui se rencontrent surtout aux expositions du Nord-Est, du Nord et du Nord-Ouest.

La graine de mélèze germe au bout d'un mois, mais sa germination est retardée si elle est âgée de plus d'un an.

Le jeune plant a une consistance herbacée, et par suite est sensible à la gelée et à l'insolation : aussi les semis ne réussissent bien qu'aux expositions fraîches où ils sont protégés par la neige jusqu'à l'entrée de l'été et où la chaleur solaire n'est pas à redouter.

Le pivot du jeune plant s'enfonce profondément dès la première année.

Il supporte parfaitement la transplantation à condition d'être employé pendant l'arrêt de la végétation.

Il ne supporte pas le couvert et ne croît pas en massif serré.

Il résiste bien aux attaques des insectes et aux intempéries. Ses branches grêles, flexibles et dépourvues de feuilles en hiver ne retiennent pas la neige; il ne redoute pas l'accumulation de la neige autour de sa tige.

Les tiges flexibles des jeunes peuplements ne fixent pas la neige sur les versants et n'empêchent pas les avalanches de se produire.

Les incendies ne sont pas à craindre dans la région qu'il occupe.

Il repousse de souche lorsqu'il est jeune et répare les accidents qui lui surviennent en se regarnissant de branches.

Il est solidement fixé au sol par plusieurs racines plongeantes, profondément enfoncées.

Mathieu en recommande l'emploi dans les termes suivants : «Voilà pour la solidité et la durée du bois, le chêne de la montagne, l'essence des régions alpines, celle qui doit y être le pivot des travaux de reboisement et devra être propagée partout où le permettra l'exposition.»

On l'emploie avec succès dans les travaux de reboisement, surtout dans la région des Alpes où le climat sec et froid lui convient particulièrement.

Cèdre de l'Atlas (*Cedrus atlantica*). — Le cèdre de l'Atlas a été employé dans l'Aude à des altitudes variant de 500 à 700 mètres. On en trouve aussi quelques repeuplements dans l'Hérault. Enfin dans les Basses-Alpes il a été planté généralement en mélange avec d'autres résineux, aux expositions fraîches et entre 700 et 1,200 mètres.

Partout il a donné de bons résultats.

Arbre de grandes dimensions et d'une longévité très prolongée le cèdre est solidement enraciné.

Le jeune plant développe un enracinement profond; aussi sa transplantation exige beaucoup de soins. Il craint le froid et par suite il est préférable, aux altitudes un peu fortes, de le planter en mélange avec d'autres résineux qui, étant de croissance plus rapide, l'abritent pendant les premières années.

Il croît en massif assez serré, sa tige est droite.

Il résiste bien aux vents violents et les incendies sont peu à craindre dans les massifs suffisamment denses.

Son bois commence à être apprécié en Algérie.

«J'admets, dit Mathieu, la possibilité de la réussite du cèdre, sans néanmoins pouvoir l'affirmer; mais cet espoir, même fondé, suffit-il pour le faire substituer aux essences qui se trouvent spontanément dans la région où on l'introduit? J'ose à peine hasarder mon opinion contre d'autres plus autorisées qui répondent affirmativement; j'avoue toutefois que j'hésiterais. »

Pin sylvestre (*Pinus sylvestris*). — Le pin sylvestre est remarquable par sa souplesse. Il croît rapidement dans les terres sableuses mélangées d'argile, mais il s'adapte à tous les sols et à toutes les expositions.

Il atteint l'altitude de 1,600 à 1,800 mètres dans la plus grande partie des Alpes, de 1,200 mètres dans la région des Cévennes et du Massif central, de 1,600 mètres dans les Pyrénées centrales, de 2,000 mètres dans les Pyrénées-Orientales et dans les Alpes-Maritimes.

C'est une essence de transition excessivement précieuse, les détritus fournis par ses feuilles améliorant rapidement le sol.

Son couvert léger facilite le développement d'un sous-bois susceptible d'alimenter les incendies, mais par contre il permet d'introduire en sous-étage des essences plus précieuses quand la nature du terrain le permet.

La graine semée au printemps germe au bout de vingt ou vingt-cinq jours.

Dès la première année le jeune plant enfonce son pivot profondément dans le sol.

L'enracinement est solide; il est composé du pivot et de plusieurs fortes racines latérales plongeantes.

La processionnaire du pin l'attaque assez souvent, surtout aux altitudes inférieures à 700 ou 800 mètres.

Dans la région des Alpes et dans les Cévennes la forme à branches étalées est celle qui domine. Il résiste parfaitement au froid, mais le givre et la neige occasionnent souvent la rupture des branches.

Le pin sylvestre d'Auvergne se rapproche de la forme à branches redressées. Sa tige est droite; il résiste bien aux intempéries et se brise bien moins souvent sous le poids de la neige que le pin à branches étalées.

Le pin sylvestre des Pyrénées, dans les départements de l'Aude et des Pyrénées-Orientales, est aussi recommandable que le précédent. Il peut atteindre 35 mètres de hauteur et 4 mètres de circonférence; sa tige très réduite se termine par une cime, pyramidale dans le jeune âge et étalée lorsqu'il est arrivé à maturité.

Son écorce est épaisse dans la partie inférieure du tronc, de sorte qu'il résiste mieux aux atteintes du feu que le pin d'Alep.

Bien qu'un peu inférieur comme qualité à celui du pin à crochets son bois est recherché pour tous les emplois : sciages, étais de mines, poteaux télégraphiques, traverses de chemins de fer. Ses branches sont utilisées pour le chauffage.

Pin de montagne à crochets (*Pinus uncinata*). — Le pin à crochets atteint dans les Alpes à peu près la même altitude que le mélèze; dans cette région sa station naturelle commence à 1,200 mètres, mais on peut le planter à partir de 1,000 mètres.

Il vient sur tous les terrains et à toutes les expositions et croît à l'état de massif assez dense; il semble cependant préférer les terrains calcaires.

Il s'accommode des sols secs et pierreux.

Comme le mélèze, c'est une essence des climats secs et froids.

Dans les Pyrénées-Orientales il forme de beaux peuplements depuis 1,200 ou 1,800 mètres selon l'exposition jusqu'à 2,000 mètres, puis il parvient, en bouquets d'abord, par pieds isolés ensuite, jusqu'au delà de 2,400 mètres.

Dans les Pyrénées centrales il ne se trouve qu'au-dessus de la limite supérieure de la zone nuageuse, c'est-à-dire à partir de 1,800 mètres environ.

C'est seulement au-dessus de cette limite qu'il faut l'introduire.

La graine semée au printemps germe après quinze ou vingt jours.

Le jeune plant est très vigoureux dès le début. Il n'a pas de pivot mais ses racines traçantes sont pourvues d'un chevelu très abondant, circonstance très favorable à la transplantation.

Les tiges rigides des jeunes peuplements fixent la neige sur les versants.

Son écorce épaisse le protège contre les atteintes du feu.

Son enracinement est formé de fortes racines traçantes plongeant un peu.

Il résiste bien aux intempéries, aux insectes et au feu, comme on vient de le voir, mais, dans les régions un peu humides, il est assez souvent attaqué par le *Peridermium pini corticola* qui amène promptement le desséchement des cimes et des branches atteintes; il redoute les accumulations de neige.

Dans les Pyrénées-Orientales, il se régénère avec la plus grande facilité dès que le sol est découvert. Il atteint dans cette région jusqu'à 30 mètres de hauteur et 3 mètres de circonférence. Sa croissance est lente à raison de l'altitude, elle dépasse peu 0 m. 01 par an en circonférence.

Son bois, homogène et élastique, est recherché pour la charpente, le sciage, le charronnage et fournit un chauffage estimé; on pourrait l'utiliser pour la fabrication des allumettes.

M. Goizet en a donné une bonne description dans les termes suivants :

«Trapu de la base, aigu de la cime, portant des branches serrées autour du tronc et dressées verticalement vers l'extrémité de la tige, n'ayant que des aiguilles courtes et raides, le pin à crochets est construit pour résister aux vents et aux tourbillons de neige, laquelle glisse sur lui au lieu de s'y amonceler et de le rompre sous le faix comme cela a lieu pour le pin sylvestre.

«De 2,000 à 2,400 mètres, malgré de nombreux vides et clairières, on trouve cependant des massifs non seulement de protection mais d'exploitation.

«Au delà de 2,400 mètres on ne rencontre que quelques arbres assez gros comme diamètre mais rabougris et de petite taille. Ces arbres, inexploitables d'ailleurs à raison du terrain, sont précieux pour abriter le bétail, retenir les roches éboulées et assurer une première ligne de protection aux parties inférieures [1] ».

Pin laricio (*Pinus laricio*). — Le pin laricio de Corse a été introduit dans le Gard et dans la Lozère entre 400 et 1,000 mètres et dans la Haute-Garonne entre 1,000 et 1,200 mètres.

Les sols provenant de la désagrégation des roches granitiques lui conviennent parfaitement et il se développe rapidement aux expositions fraîches.

La graine semée au printemps germe au bout de vingt jours environ.

Le jeune plant croît assez rapidement; son pivot n'est pas très profondément enfoncé.

L'écorce est très épaisse. L'enracinement est formé de racines traçantes suffisamment longues pour assurer la solidité de la tige.

Son couvert, épais au début, devient assez léger dans les peuplements âgés.

Il résiste bien aux intempéries et aux insectes, et assez bien aux atteintes du feu.

Sa tige, très droite et de forme presque cylindrique, est recherchée pour les supports de fils de transport d'énergie électrique.

Il a donné dans le Gard des résultats que le service local des Eaux et Forêts qualifie de merveilleux.

Pin laricio d'Autriche (*Pinus Austriaca*). — Le pin laricio d'Autriche, ou pin noir, est utilisé aux altitudes de 800 à 1,500 mètres dans les Alpes et dans les Pyrénées et de 650 à 1,200 mètres dans les Cévennes.

Il vient à toutes les expositions et dans tous les sols, mais il est surtout utile pour reboiser les versants calcaires aux expositions chaudes.

---

[1] G. Guizet, *Procès-verbal d'aménagement de la forêt de Saint-Pierre.*

La graine semée au printemps germe au bout de quinze jours.

Le jeune plant se développe rapidement et ses racines latérales rendent sa transplantation très facile : il végète vigoureusement une fois mis en place, mais dans les terres noires les jeunes peuplements dépérissent souvent lorsqu'ils ont atteint l'âge de vingt ans environ.

L'écorce est très épaisse sur toute la longueur de la tige. L'enracinement est formé de fortes et longues racines latérales. Son couvert est épais et il fournit au sol des détritus abondants, à raison de l'ampleur de la cime.

Il redoute la neige qui s'accumule facilement sur ses branches pourvues d'un épais feuillage et en provoque assez souvent la rupture au point d'insertion avec le tronc; ces accidents sont moins à redouter si on limite son emploi aux terrains situés aux expositions chaudes.

Il supporte mieux que le pin sylvestre les attaques des insectes et il résiste assez bien au feu; sa croissance en massif serré, sans sous-bois, se prête peu d'ailleurs à la propagation des incendies.

Son bois est jusqu'à présent peu recherché : on commence pourtant à l'utiliser pour le boisage des mines.

Il est précieux pour constituer rapidement un massif sur des sols pierreux et calcaires exposés au midi et pour les améliorer par ses détritus de manière à permettre l'introduction ultérieure d'autres essences.

Pin laricio des Cévennes ou de Salzmann (*Pinus laricio Cebenensis, vel Salzmanni*). — Dans les bons sols le pin laricio des Cévennes est un arbre élancé, à cime pyramidale, touffue, avec de longues aiguilles de teinte vert foncé; il peut atteindre 20 mètres de hauteur et 1 m. 50 de circonférence.

Son aspect est différent dans les sols secs et superficiels où on le trouve habituellement : il est tortueux, de faible taille et ses feuilles ont une teinte vert pâle.

Son enracinement, traçant et très puissant, lui permet de végéter sur les terrains les plus ingrats : calcaires dolomitiques, grès houiller, dépôts glaciaires compacts.

La fécondité du pin de Salzmann est précoce et abondante : la maturation des cônes exige un peu plus d'un an et demi.

Les graines extraites des cônes par les procédés habituels se conservent intactes pendant plusieurs années, surtout avec les ailes.

La germination s'effectue dans un court délai, quinze à trente jours.

Le jeune plant, dès sa naissance, se prolonge par un pivot d'autant plus développé que le sol est plus profond et sa croissance est très active à partir de la troisième année.

L'écorce est très épaisse et très gerçurée.

Il vient également bien en massif clair ou serré, ou encore en mélange avec le pin laricio d'Autriche.

Il résiste bien aux maladies, aux insectes et au feu.

Son bois peut fournir des étais de mines et des sciages.

Il ne semble pas pouvoir dépasser l'altitude de 1,000 mètres dans les Pyrénées-Orientales.

On l'utilise pour reboiser les terrains morainiques, secs et compacts, des séries d'Escaro et de Serdinya dans le périmètre de la Tet inférieure. Cette région avait été repeuplée en pin maritime, pin noir, pin d'Alep, robinier, etc., mais ces diverses essences ont disparu presque entièrement, le sol très superficiel et le sous-sol compact ne permettant pas à leurs racines de se développer.

On l'emploie également dans le périmètre de l'Ardèche supérieure.

Pin d'Alep (*Pinus halepensis*). — Cette essence méditerranéenne peut atteindre l'altitude de 700 mètres. Elle s'adapte aux sols calcaires les plus arides et aux expositions les plus chaudes, pourvu qu'il s'y trouve des fissures dans lesquelles les racines puissent pénétrer.

La graine, qui conserve pendant plusieurs années sa faculté germinative, se sème en automne ou au printemps qui suit la récolte.

L'enracinement du jeune plant étant très développé, sa transplantation exige des soins particuliers; l'insuccès de l'opération est indiqué au bout de quelques jours par l'inclinaison de la flèche vers le sol. Le semis est presque toujours préféré à la plantation.

Son écorce est très épaisse sur la partie basse du tronc. Son enracinement plongeant est très développé. Sa tige est souvent flexueuse.

Son couvert est très léger et permet l'installation d'une végétation arbustive très dense qui facilite la propagation des incendies et en augmente le danger; malgré l'épaisseur de l'écorce il résiste mal aux atteintes du feu.

Il est atteint fréquemment par le *Peridermium pini* en dehors de sa région naturelle.

Son bois est utilisé pour le chauffage et surtout pour la fabrication des caisses d'emballage.

Pin maritime (*Pinus pinaster*). — Le pin maritime, qui parvient en Corse à l'altitude de 1,200 mètres, a formé des peuplements d'une croissance vigoureuse, dans les Alpes-Maritimes au-dessous de 800 mètres, dans l'Aude entre 300 et 400 mètres et dans le Gard au-dessous de 550 mètres; ces derniers toutefois commencent à dépérir.

C'est une essence considérée comme calcifuge : il a été introduit cependant avec succès sur le versant méridional du mont Ventoux.

Le jeune plant développe dès le début de sa croissance un pivot d'une très grande longueur; c'est pour ce motif qu'on le propage de préférence par voie de semis. La graine conserve très longtemps sa faculté germinative; elle lève au bout de quinze jours quand elle est semée au printemps.

Son écorce est analogue à celle du pin sylvestre, mais plus épaisse. Son enracinement, plongeant et traçant, est très développé.

Il croît en massif peu serré, sa tige est droite.

Il résiste bien aux intempéries et aux attaques des insectes, mais il est sensible aux atteintes du feu.

Divers champignons nuisent aux peuplements de cette essence, mais il est facile d'en limiter les dégâts.

Indépendamment de la résine qu'il produit en abondance, il fournit un bois propre à tous les emplois.

Le pin maritime réussit parfaitement dans les sols où ses racines peuvent s'étaler sur une couche peu perméable à la surface de laquelle elles trouvent une eau de végétation abondante.

Les sols divisés et profonds lui conviennent également pour le même motif.

Pin cembro (*Pinus cembra*). — « La disparition du pin cembro, dit Mathieu, va grand train dans les Alpes ; c'est cependant un bel arbre, parfaitement apte, dans les hautes régions qu'il habite et où s'arrête la végétation forestière, à supporter et à rompre l'effort des vents, à fixer les neiges, à abriter les forêts qu'il domine ; un ample et vigoureux enracinement, tel qu'aucune autre essence n'en possède, une tige trapue, une cime touffue, feuillée dès le sol, sont ses moyens de résistance.

« Malheureusement le parcours, tout en respectant les arbres parceque le bétail ne peutlesatteindre, détruit toute régénération à mesure qu'elle se produit, etquand les premiers succombent sous l'extrême vieillesse, sept à huit cents ans et peut-être plus, ils ne sont pas remplacés ; le niveau de la forêt s'abaisse pour toujours.

« Les parties jusque-là protégées deviennent à leur tour rideau protecteur, en subissent tous les dangers et tôt ou tard éprouvent le sort de leurs devancières qui ne sont plus.

« Cette observation, quoique plus particulière au pin cembro, s'applique aussi au mélèze et à d'autres essences constituant ces rideaux d'abri, dont les habitants comprennent parfaitement l'utilité, dont ils ne laisseraient pas couper un seul arbre ; mais pour la conservation et la régénération desquels ils ne réduiraient pas, dans leur imprévoyance, le nombre de leurs moutons d'une seule tête. »

La graine de pin cembro semée avant l'hiver germe en mars; semée au printemps, sans immersion préalable, elle ne germe habituellement qu'au bout d'une année.

Le jeune plant n'est pas très développé; aussi, dans les sols calcaires, les semis sont facilement détruits par les effets du délitement.

Tout en croissant sur tous les sols, il préfère ceux qui sont meubles et frais, aux expositions du Nord et de l'Est.

On rencontre quelques vieux arbres de cette espèce dans les Alpes à l'altitude de 2,400 mètres; on le trouve à partir de 1,500 mètres en mélange avec le mélèze.

Son bois est peu estimé.

Dans les Basses-Alpes il est employé, seul au-dessus de 2,300 mètres, par semis ou plantations, et par plantations en mélange avec le mélèze entre 1,800 et 2,300 mètres.

Dans la Haute-Loire, au Mézenc, un semis de pin cembro de 20 ans environ, créé entre 1,600 et 1,750 mètres, est en bon état de végétation.

On a renoncé à l'employer dans les Pyrénées où les essais d'introduction de cette essence ont donné de médiocres résultats.

ARBRISSEAUX..

Clématite des haies (*Clematis vitalba*). — La clématite est une plante sarmenteuse qui se bouture ou se plante et que l'on peut employer pour couvrir les berges dans la partie inférieure des torrents.

Corroyère à feuilles de myrte (*Coriaria myrtifolia*). — La corroyère à feuilles de myrte, qui se bouture très facilement, est souvent utilisée dans les Alpes-Maritimes, pour la fixation des berges des ravins dans la partie inférieure de leurs cours; elle ne dépasse guère l'altitude de 700 à 800 mètres.

Bugrane arbrisseau (*Ononis fruticosa*). — «Cet élégant arbrisseau à fleurs purpurines, dit Mathieu, forme un petit buisson drageonnant qui couvre souvent de proche en proche de notables étendues de terres argileuses ou marneuses et contribue à les fixer. A ce titre sa propagation ne manque pas d'intérêt.»

La bugrane arbrisseau est très répandue dans la région moyenne des Alpes où on l'utilise, surtout par semis, pour la fixation des terres noires.

Dans les parties élevées des Pyrénées, on rencontre la bugrane d'Aragon (*Ononis aragonensis*), sous-arbrisseau ne dépassant pas 0 m. 30 de hauteur, tandis que le précédent peut atteindre 1 mètre.

Anthyllide (*Anthyllis*). — Les anthyllides sont des sous-arbrisseaux croissant dans les sols secs.

On a essayé pour la fixation des berges l'anthyllide vulnéraire (*Anthyllis vulneraria*); on peut utiliser aussi l'anthyllide de montagne (*Anthyllis montana*) et l'anthyllide d'Hermann (*Anthyllis Hermannia*).

Prunier de Briançon (*Prunus brigantiaca*). — Le prunier de Briançon est un arbrisseau que l'on peut employer pour la fixation des berges jusqu'à l'altitude de 1,800 mètres environ, dans la partie moyenne des Alpes.

Argousier rhamnoïde (*Hippophaë rhamnoïdes*). — L'argousier, arbrisseau de 2 à 3 mètres de hauteur, est utile pour fixer superficiellement les berges des torrents et pour embroussailler le lit des ravins. Ses racines, longues et traçantes, drageonnent abondamment; il envahit le terrain dans le sens de la pente.

Il s'accommode de tous les sols, même des terres noires, et parvient à l'altitude de 1,600 mètres dans les vallées des Alpes où il est très répandu.

On peut le propager par semis au moyen de graines récoltées sur les pieds femelles, l'espèce étant dioïque.

On peut aussi effectuer des plantations au moyen de boutures ou de jeunes plants préparés en pépinière. Mais le procédé le plus usité consiste à utiliser des drageons qu'on extrait sur les emplacements déjà fixés.

Coudrier noisetier (*Corylus avellana*). — Cet arbrisseau dépasse l'altitude de 1,600 mètres dans les Pyrénées.

On le rencontre souvent sur les éboulis où il trouve la fraîcheur qu'il recherche, mais il croît aussi sur tous les sols et à toutes les expositions : c'est surtout une essence de lumière.

Il est facile de le propager par semis, ou par plantation de drageons ou de jeunes plants.

Son enracinement est solide. Il fournit des cépées qui s'accroissent en étendue par drageonnement.

On peut l'utiliser sur les plus mauvais sols qu'il garnit bien et qu'il améliore assez rapidement par le terreau que produisent ses feuilles.

Son bois n'est pas sans intérêt, les perches de 2 à 4 mètres de longueur que produisent ses tiges étant assez recherchées à cause de leur souplesse.

Genévrier commun (*Juniperus communis*). — A l'état d'arbrisseau, et quelquefois même de petit arbre, le genévrier garnit utilement le sol à défaut d'autres espèces et fait obstacle à sa dégradation superficielle.

La graine germe au bout d'un an ou de deux ans; semée en automne, elle germe souvent au printemps. Le jeune plant est faiblement enraciné et sa croissance est lente, de sorte qu'on ne peut l'employer par semis pour retenir les terres déjà dégradées.

On le rencontre sur tous les sols et à toutes les expositions : il atteint avec le rhododendron ferrugineux l'altitude de 2,500 mètres où il présente la forme naine.

L'extraction des genévriers dans les pâturages de haute montagne est un travail utile pour l'amélioration de ces pâturages, mais il n'est pas sans danger en ce qui concerne le maintien des terres : on peut en dire autant du rhododendron.

Le genévrier sabine (*Juniperus sabina*) se trouve surtout sur les sols calcaires, le plus souvent à l'état buissonnant : il accompagne l'espèce précédente jusqu'aux grandes altitudes.

PLANTES HERBACÉES VIVACES.

Pavot des Alpes (*Papaver alpinum*). — Le pavot des Alpes croît dans les sols arides des régions des Alpes et des Pyrénées.

Violette jaune (*Viola lutea*). — La violette jaune se trouve dans les régions des Alpes et des Pyrénées. La violette du mont Cenis (*Viola Cenisia*) et la violette à long éperon (*Viola calcarata*) habitent les hautes montagnes.

Lin des Alpes (*Linum Alpinum*). — Le lin des Alpes se rencontre dans les Alpes et les Pyrénées; il présente des tiges couchées, nombreuses, garnies à la base de feuilles imbriquées, rameuses au sommet, d'une longueur de 10 à 20 centimètres.

Trèfle des Alpes (*Trifolium Alpinum*). — Le trèfle des Alpes atteint les hauts sommets : c'est une plante à grosse souche de consistance ligneuse.

Esparcette cultivée (*Onobrychis sativa*). — Le sainfoin est pourvu de puissantes racines. Il croît dans les sols pauvres qu'il améliore et il fructifie jusqu'à l'altitude de 1,800 mètres.

On peut employer la forme désignée sous le nom d'*Onobrychis montana*.

Benoite traçante (*Geum reptans*). — La benoite traçante se trouve dans les Alpes et dans les Pyrénées. La benoite des Pyrénées (*Geum Pyrenaicum*) atteint les hauts sommets des Pyrénées. La benoite de montagne (*Geum montanum*) se trouve sur les montagnes élevées.

Laser de France (*Laserpitium gallicum*). — Le laser de France est commun sur les terres noires de la Drôme, des Basses-Alpes et des Hautes-Alpes où il apparaît d'abord avec la bauche et la bugrane.

Valériane des Pyrénées (*Valeriana Pyrenaica*). — La valériane des Pyrénées peut présenter quelque utilité pour la fixation des berges dénudées.

Plantain des Alpes (*Plantago alpinum*). — Le plantain des Alpes présente une souche à racine pivotante; on le trouve dans les hautes montagnes. Le plantain de montagne (*Plantago montana*) est commun dans les Pyrénées.

Lasiagrostide calamagrostide (*Lasiagrostis calamagrostis*). — La bauche est précieuse dans les Alpes pour fixer les talus, surtout dans les terres noires; on la propage en plantant des éclats provenant de la division des touffes, jusqu'à l'altitude de 1,500 mètres.

Avoine toujours verte (*Avena sempervirens*). — L'avoine de montagne remplace la bauche dans les régions élevées des Alpes; on pourrait l'utiliser jusqu'à 2,400 mètres d'altitude. On la sème ou on l'emploie par éclats.

Arrhenaterum avoine (*Arrhenaterum avenaceum*). — Cette plante, connue sous les noms de fenasse, fromental, avoine élevée, fructifie aux grandes altitudes et croît sur tous les terrains; on mélange souvent sa graine à celle du sainfoin, mais on l'emploie seule de préférence dans les sols légers et très exposés à la sécheresse.

Fétuque ovine (*Festuca ovina*). — La fétuque ovine croît dans les sols secs; la forme alpine se trouve sur les hautes montagnes.

Fenasse brune. — On désigne sous le nom de fenasse brune un mélange de graines diverses dont les principales sont le fromental, le brome des prés, la pimprenelle, la houlque molle, le paturin des prés; on l'emploie en mélange avec le sainfoin, elle entre pour un quart dans le mélange[1].

[1] Voir : A. Mathieu, *Le reboisement et le regazonnement des Alpes.* Paris, 1872.

IMPRIMERIE NATIONALE.

CHAPITRE VII.

Graines. Enherbement et embroussaillement. Choix entre le semis et la plantation. Semis. Pépinières. Plantation; âge des plants. Choix des plants. Époque des plantations. Plantation par potets. Plantation en mottes, Plantation par mottes. Plantation par cordons. Multiplication par division. Observations relatives aux travaux de reboisement.

Graines. — Autant que possible, l'administration des eaux et forêts prépare elle-même les graines qui lui sont nécessaires.

Une sécherie à étuve installée à Murat (Cantal) et six sécheries solaires, dont cinq dans le Puy-de-Dôme et une à Gap (Hautes-Alpes), fournissent des graines de pin sylvestre.

Les graines de pin à crochets proviennent des sécheries solaires de Modane (Savoie) et de Briançon (Hautes-Alpes), et surtout de la sécherie à étuve de la Cabanasse (Pyrénées-Orientales); ce dernier établissement produit aussi des graines de pin sylvestre des Pyrénées et de pin laricio de Salzmann.

Les cônes d'épicéa sont traités à la sécherie solaire de Moutiers (Savoie) et ceux de pin d'Alep aux sécheries solaires de la Font-de-l'Orme (Vaucluse) et d'Aubagne (Bouches-du-Rhône).

La graine de pin maritime est préparée dans les sécheries solaires de la Vendée; elle provient aussi, pour une partie, des concessions de récolte de cônes dans les massifs des dunes de Gascogne.

Les graines de mélèze et de pin cembro sont achetées dans les départements des Hautes-Alpes et des Basses-Alpes et réunies dans les magasins d'Embrun et de Barcelonnette. En ce qui concerne le mélèze, on récolte la graine en gaulant les arbres au moment de la dissémination qui a lieu, suivant les années, du 1er janvier au 1er mars; à ce moment la neige est gelée et il est facile de circuler en forêt. On peut aussi ramasser sur la neige durcie les graines qui sont tombées naturellement et se sont accumulées dans les dépressions. La graine que l'on obtient ainsi est d'excellente qualité; son taux de germination atteint souvent 65 à 70 p. 100.

Les graines sont conservées ailées et sont désailées au moment de leur expédition.

Les graines résineuses conservent leur faculté germinative pendant un temps plus ou moins long selon la nature des essences; elles peuvent se classer ainsi qu'il suit : pin maritime, pin d'Alep, pin à crochets, pin sylvestre, pin noir, épicéa, mélèze, pin cembro, sapin.

L'immersion préalable dans l'eau pure a pour effet d'activer leur germination. La durée de l'immersion est de douze à quinze jours pour les graines de pin cembro et de mélèze, et d'un à deux jours pour celles des autres essences.

Il peut être utile aussi dans certains cas, pour les semis en pépinière, d'employer la stratification en vue, soit de hâter et de régulariser la germination des graines à péricarpe dur et épais telles que celles du frêne, soit de conserver fraîches jusqu'à l'époque du semis les graines à péricarpe mince, celles du bouleau par exemple; dans ce dernier cas on se sert du sable sec.

En ce qui concerne le choix de l'emplacement pour la récolte des graines en général, M. Gaston Bonnier fait remarquer « qu'il résulte des recherches de Gain que le sol relativement sec augmente la production des graines et donne de meilleures semences »[1].

Les prix de revient des principales graines résineuses sont actuellement les suivants :

Pin sylvestre..........................	8f 00c
Pin de montagne........................	10 00
Pin d'Alep.............................	4 00

[1] Gaston Bonnier, *Le Monde végétal*, Paris, 1908.

Pin cembro.............................   1ᶠ 00ᶜ
Pin maritime...........................   o 5o
Pin laricio d'Autriche..................   7 oo
Pin laricio des Cévennes................   6 oo
Épicéa.................................   4 oo
Mélèze.................................   4 oo

Enherbement et embroussaillement. — Les pentes des terres noires et des boues glaciaires et, d'une manière générale, les talus des ravins et des torrents présentent le plus souvent une instabilité superficielle qui ne permet pas d'y introduire immédiatement la végétation forestière.

Sur les terres noires délayables et sujettes au délitement « qui se rencontrent souvent dans les périmètres, dit Mathieu, il s'agit bien moins de créer des pâturages ou des forêts que de fixer rapidement le sol; les végétaux robustes, de croissance active, traçants et drageonnants, ligneux ou herbacés, peu importe, mais en tout cas vivaces, sont seuls convenables pour atteindre ce but ».

L'enherbement et l'embroussaillement concourent donc au même but et il n'y a pas lieu de les examiner séparément.

Les plantes à employer doivent présenter une végétation rapide dès le début, afin de pouvoir prendre possession du sol et lutter efficacement contre les effets de la dénudation.

On effectue assez souvent des semis de graines de sainfoin et de fromental en mélange, ou de sainfoin et de fenasse, ou de fromental seul.

On sème au printemps en procédant de haut en bas pour ne pas recouvrir les lignes inférieures avec le déblai des supérieures.

Les graines étant de petites dimensions, il faut les couvrir d'une très légère couche de terre.

On obtient ainsi des bandes de gazon derrière lesquelles les menus matériaux entraînés par les eaux pluviales forment de petits atterrissements sur lesquels il est facile d'installer la végétation ligneuse; on peut encore planter en aval des bandes, les plants ainsi disposés se trouvant protégés contre le déchaussement par le ruissellement et contre le soulèvement.

On peut aussi semer des graines des diverses plantes herbacées indiquées au chapitre précédent et parmi lesquelles le laser convient particulièrement aux terres noires.

On emploie quelquefois un procédé d'enherbement qui consiste à garnir le sol de plaques de gazon provenant d'une région où l'extraction peut se faire sans inconvénient; ces plaques sont disposées de manière à former des bandes ou des banquettes horizontales.

La bauche et l'avoine verte sont utilisées par plantation d'éclats, en automne de préférence.

Ces plantations, que l'on fait d'autant plus serrées que le sol est plus dégradé, sont d'une réussite certaine et résistent mieux que les semis aux effets de la dénudation.

Dans les terres très meubles, dans les boues glaciaires, il est quelquefois nécessaire de protéger les plants par l'installation de fascinages en cordons horizontaux.

Les semis de graines de plantes herbacées sont souvent employés sur les atterrissements effectués dans les petits ravins secs ou sur les excoriations des versants en forte pente. On retient ainsi d'une manière complète les matériaux de petites dimensions amenés par les eaux pluviales et on obtient assez rapidement une couche de terre sur laquelle on peut planter des végétaux ligneux destinés à fixer le terrain.

L'embroussaillement au moyen de plantes ligneuses, arbrisseaux, sous-arbrisseaux, arbustes, arbres quelquefois, est souvent préférable à l'enherbement pour maintenir la superficie de certains terrains instables.

C'est encore à l'embroussaillement qu'on a recours pour garnir de végétation les atterrissements des ouvrages de correction et le pied des talus des ravins et des torrents.

Les végétaux les plus employés sont la bugrane qui est semée ou plantée, la corrogère qui se bouture, l'argousier dont on utilise des plants ou des drageons, le coudrier qui se propage par semis ou par plantation de drageons ou de jeunes plants, le prunier de Briançon et l'aune que l'on plante, les saules et les peupliers qui se bouturent à l'exception du tremble et du saule marceau.

Il arrive assez souvent que l'embroussaillement se produise naturellement dans les torrents ou les ravins dont le lit a été fixé par des travaux de correction.

Les berges des torrents et des combes ont très souvent une pente trop forte pour qu'il soit possible de les garnir de végétation; il faut attendre que, par suite de la dénudation, le talus naturel des terres soit atteint ou bien soustraire le sol à l'action des agents atmosphériques au moyen de travaux de garnissages.

Le talus naturel des terres correspond fréquemment à la pente de 67 p. 100, deux de hauteur pour trois de base; l'emploi des garnissages permet au terrain de se maintenir avec une pente égale ou supérieure à 100 p. 100. (Planches 61 à 63.)

Choix entre le semis et la plantation. — Mathieu, dans son étude sur le reboisement et le regazonnement des Alpes, rappelle le passage suivant du traité de culture des bois de Lorentz et Parade :

« Le semis est considéré, par beaucoup de forestiers, comme principalement applicable en grand, à cause des procédés par lesquels il s'exécute et qui semblent à la fois plus naturels, plus simples et moins coûteux que ceux de la plantation. Cependant la pratique tend chaque jour de plus en plus à établir la supériorité de celle-ci. Non seulement on est parvenu à atténuer singulièrement la dépense qu'elle occasionne en plantant des sujets très jeunes qu'on élève en pépinière à très peu de frais, mais il est incontestable qu'une plantation bien faite présente la plupart du temps des chances de réussite plus assurées que le semis préparé avec le plus de soin, parce que celui-ci a de plus que l'autre à lutter contre les dangers nombreux qui menacent la graine d'abord

61. Périmètre du Var Moyen (Var). Série de Lieuche. — Banquettes en mottes de gazon.
Marnes cénomaniennes.

62. Périmètre de l'Ubaye (Basses-Alpes). Série de Saint-Pons.
Plants feuillus et résineux dans un ravin.

63. Périmètre de l'Ubaye (Basses-Alpes). Série de Saint-Pons.
Plants d'aunes dans le torrent de l'Église corrigé.

et ensuite le plant naissant. Ainsi il vaudra toujours mieux planter que semer dans les localités où les jeunes plants sont exposés à être déracinés par les gelées, sur les grandes sommités, etc. »

Il ajoute : « Oui, j'en suis convaincu, partout où il faut lutter contre le desséchement du sol, contre la dénudation, contre le déchaussement, c'est-à-dire dans la majorité des cas pour les Alpes, la plantation bien faite est préférable au semis, quoique je n'entende nullement repousser celui-ci d'une manière systématique et que, l'un des premiers, je proclame la nécessité de varier les procédés de culture suivant les conditions de sol, de climat de chaque région. »

Sur le même sujet, Demontzey termine par les mots suivants un examen approfondi de la question : « Des considérations qui précèdent il résulte évidemment qu'on ne peut formuler aucune règle absolue concernant la préférence à accorder soit au semis, soit à la plantation, et que le choix de l'un de ces modes varie avec la nature des essences employées et les diverses conditions que peuvent présenter le sol et le climat du terrain à reboiser. Néanmoins de l'examen que nous venons de faire des circonstances les plus fréquentes, nous pouvons conclure que la plantation est susceptible d'une application plus fréquente et plus générale que le semis qui n'arrive à être employé qu'à titre exceptionnel et dans des cas spéciaux bien déterminés. »

Les semis sont moins coûteux que les plantations, mais les résultats en sont incertains et souvent incomplets.

Pour qu'un semis puisse réussir il faut qu'il n'y ait pas de couvert épais pour arrêter la lumière, que les jeunes plants aient en général un peu d'abri contre le soleil, que le sol ne soit pas trop exposé au soulèvement par la gelée, que les pentes ne soient pas assez fortes pour que les plants soient déchaussés par les eaux pluviales ou ensablés à la suite des pluies d'orage.

Ces conditions sont remplies habituellement par les terrains d'éboulis qui conviennent ainsi aux semis tandis qu'il serait difficile d'y effectuer des plantations; elles se rencontrent aussi en partie aux grandes altitudes.

Mais il y a lieu de tenir compte d'autres considérations.

Certaines graines emploient plus d'une année pour germer, de sorte qu'elles resteraient longtemps exposées aux diverses causes de destruction; les graines de pin cembro, celles de frêne sont dans ce cas. La plantation doit donc être préférée au semis pour ces essences. Toutefois, afin de parcourir une étendue suffisante de terrain, on sème aussi le pin cembro à cause de la brièveté de la bonne saison aux grandes altitudes et de la difficulté d'y faire camper un assez grand nombre d'ouvriers.

Parfois le pivot qui se développe chez les jeunes plants atteint rapidement une très grande longueur; c'est pour ce motif qu'on sème le chêne yeuse et le pin maritime.

S'il s'agit du cyprès étalé, il est préférable de planter, parce que les semis renferment une certaine quantité de plants ayant la forme pyramidale.

L'expérience est faite actuellement dans les diverses régions torrentielles.

En Savoie et dans les Basses-Alpes on emploie le semis, concurremment avec la plantation, aux grandes altitudes sur les terrains stables, gazons ou éboulis, pour le pin cembro, le pin à crochets et le mélèze; on sème aussi l'épicéa en Savoie.

Dans les Basses-Alpes, la Drôme et Vaucluse, on sème les glands et la graine de pin d'Alep; on sème aussi la faîne dans les Basses-Alpes.

Les semis de pin d'Alep et de pin maritime réussissent parfaitement dans les Alpes-Maritimes.

Il en est de même des semis de pin sylvestre, de pin laricio de Corse et de pin maritime dans le nord-est du département du Gard; dans le reste du département on réserve les semis pour les crêtes et les sommets battus par le vent.

Le semis de pin sylvestre sur bruyères est généralement pratiqué avec succès dans la région du Massif central; dans cette région le semis et la plantation donnent en général des résultats équivalents pour les diverses essences.

Dans l'Ardèche, les semis de sapin sous l'abri des peuplements clairs de hêtre ou de pin donnent de bons résultats, comme partout où le climat convient à cette essence.

Dans la Lozère, on n'emploie le semis que pour le chêne rouvre, le châtaignier et le pin sylvestre.

Dans l'Aude et les Pyrénées-Orientales, on sème le chêne yeuse et le pin maritime; on sème ou on plante le chêne rouvre, le châtaignier et le pin d'Alep, mais on emploie de préférence le semis.

Semis. — Dans les Alpes, aux grandes altitudes, les semis de mélèze, de pin à crochets et de pin cembro se font soit par petits potets, soit par sillons, ouverts sur une profondeur de quelques centimètres, variable selon l'état de la superficie.

On place dans les potets 3 ou 4 graines de pin cembro ou 8 à 10 de mélèze ou de pin à crochets que l'on recouvre à la main; dans les sillons, on place 1 ou 2 graines par centimètre. Pour le mélèze il est utile de tenir compte du taux de faculté germinative, qui varie de 40 p. 100 à 70 p. 100; dans le premier cas, taux de 40 p. 100, il est prudent de placer 3 ou 4 graines par centimètre.

On sait que les graines doivent être disposées d'autant plus près de la surface du sol qu'elles sont moins volumineuses. Aussi, pour le mélèze et le pin à crochets, on recouvre la graine de 1 centimètre de terre au plus, tandis qu'on recouvre de 2 centimètres environ celle de pin cembro.

On emploie, par hectare, 25 kilogrammes de graines de pin cembro et 10 kilogrammes de graines de mélèze ou de pin à crochets.

On commence à semer au printemps et on achève en automne. Les semis de printemps, qui bénéficient de la chaleur et de l'humidité nécessaires à la germination, ne résistent pas toujours aux chaleurs de l'été; ceux d'automne donnent souvent de meilleurs résultats parce que les graines peuvent germer dès le début du printemps, époque où le terrain n'est pas encore accessible à cause de la neige qui n'est que partiellement fondue.

Les semis à la volée au printemps sur la neige dans les terrains d'éboulis réussissent assez souvent.

Dans le massif du Ventoux, on emploie le procédé du semis pour le chêne rouvre et le chêne yeuse. On ouvre par hectare 2,000 à 4,000 potets de 30 centimètres de côté et de 30 à 40 centimètres de profondeur et on y sème 150 à 300 litres de glands. On dispose les potets à l'abri d'une touffe de végétation arbustive; au besoin on dispose au sud sous forme d'abri les pierres extraites des potets ou provenant du voisinage.

On sème par potet 15 à 20 glands qu'on recouvre de 2 ou 3 centimètres de terre. On les place quelquefois à différentes hauteurs et on les saupoudre de minium, en vue d'atténuer les dégâts causés par les rongeurs.

Le semis s'effectue pendant les mois de novembre et de décembre après la récolte des glands et avant les gelées, ou en février et mars.

Dans les Basses-Alpes, on emploie le semis par potets pour les chênes rouvre et yeuse et le pin d'Alep, essences des climats chauds. Les potets ont une profondeur de 30 à 40 centimètres; on y place 5 ou 6 glands ou 8 à 10 graines de pin. Le semis se fait en automne.

Dans les Alpes-Maritimes, on sème au printemps par potets, le pin d'Alep et le pin maritime; on ouvre, par hectare, 6,000 potets de 40 centimètres de côté et de 30 à 50 centimètres de profondeur. On a effectué aussi des semis de chênes et de châtaignier.

Dans la région des Cévennes et du Massif central on reboise quelquefois par voie de semis.

On a procédé dans le Puy-de-Dôme par potets épars, abrités par des touffes de broussaille ou disséminés dans des lambeaux de taillis à reconstituer.

Dans le premier cas on a semé le chêne seul, ou le chêne associé au pin sylvestre, ou le pin sylvestre seul. Dans le second cas l'opération a porté sur le chêne associé au hêtre.

Dans la Haute-Loire, des peuplements d'épicéa, de pin sylvestre, de pin à crochets et de pin cembro ont été obtenus au moyen de semis effectués à la volée ou par potets pour le pin sylvestre, et par potets espacés de 1 à 2 mètres pour les autres essences.

Ce procédé de reboisement ne donne de bons résultats dans l'Ardèche que pour le sapin, à condition qu'on rencontre l'abri qui lui est nécessaire.

On ouvre dans les massifs clairs de hêtre, de pin sylvestre ou de pin à crochets des bandes de 30 centimètres de profondeur sur 40 centimètres de largeur, et d'une longueur variable suivant l'état de la superficie; ces bandes se réduisent quelquefois à des potets de 40 centimètres de côté.

On sème au printemps, au plus tard vers le milieu de mai, c'est-à-dire à l'époque où les graines peuvent trouver la chaleur et l'humidité dont elles ont besoin pour germer dans de bonnes conditions.

La quantité de graine employée est de 10 kilogrammes à l'hectare. Elle est répandue abondamment et recouverte légèrement de terre meuble.

Après l'exécution du semis, on recouvre les potets de branchages qu'on laisse jusqu'au début de l'automne.

On visite les semis au printemps et à l'automne de l'année suivante pour débarrasser les jeunes plants des feuilles et des aiguilles mortes qui les recouvrent et procéder au rechaussement des tigelles quand elles ont été soulevées par l'action de la gelée.

Dans la Lozère, de même d'ailleurs que dans le Cantal, dans l'Aveyron et dans la Corrèze, les semis de pin sylvestre à la volée réussissent généralement dans les sols siliceux partiellement couverts de bruyère courte, mais l'échec est certain sur des terrains occupés par des genêts ou de hautes bruyères.

On est plus assuré du succès en ouvrant au milieu des bruyères courtes des potets auxquels on donne seulement 5 centimètres de côté afin d'éviter le soulèvement par la gelée.

Les semis de cette nature se font très tard en automne ou dans les premiers jours du printemps, avant la période des chaleurs.

Dans le même département de la Lozère, on emploie le semis pour le chêne et le châtaignier. Les pentes n'étant généralement pas excessives, on ouvre les potets au printemps et on sème les glands et les châtaignes en automne, malgré les dégâts commis habituellement par les rongeurs. On emploie par hectare 3 hecto-litres de glands ou de châtaignes pour 2,500 potets.

Dans le Gard et dans l'Hérault on sème par potets au printemps les graines de pin sylvestre, de pin laricio de Corse et de pin ma-ritime : les glands et les châtaignes se sèment en automne. Les potets ont 30 à 40 centimètres de côté et 40 centimètres de pro-fondeur; on sème par hectare 7 kilogrammes de graines résineuses ou 3 hectolitres de glands ou de châtaignes.

Dans l'Aude les semis se font par potets et en automne, le prin-temps étant généralement très pluvieux et la main-d'œuvre étant rare à cette époque.

On ouvre par hectare 4,000 à 5,000 potets de 30 à 40 centi-mètres de côté sur 30 centimètres de profondeur. On emploie 150 à 200 litres de glands ou 300 litres de châtaignes. Les graines résineuses, pin sylvestre, pin laricio d'Autriche, pin d'Alep, se sèment à raison de 1 kilogramme pour 1,000 potets.

On sème aussi en automne la graine de sapin dans des potets de 25 à 30 centimètres de côté sur 20 centimètres de profondeur ouverts, à raison de 2,000 à l'hectare, dans des peuplements clairs de hêtre ou de pin.

Dans la région des Pyrénées le semis n'est plus adopté que pour les chênes rouvre et yeuse dans les Pyrénées-Orientales et pour le sapin à introduire sous l'abri de peuplements d'autres essences qu'il doit remplacer ou compléter.

On sème 15 à 20 glands par potet, le nombre des potets étant de 2,500 par hectare avec les mêmes dimensions que dans l'Aude.

Les jeunes semis obtenus ne sont pas abandonnés. On enlève les pierres qui les couvrent, on extrait dès la deuxième ou la troisième année les herbes et les broussailles qui les entourent et on recommence tous les deux ou trois ans jusqu'à ce qu'ils aient atteint l'âge de 8 à 10 ans, époque à laquelle on recèpe les jeunes plants : à partir de ce moment ils végètent avec une très grande vigueur.

Les prix de revient sont variables suivant les régions et le mode de semis adopté.

En moyenne, les frais de main-d'œuvre par hectare sont de 6 francs pour les semis à la volée, de 25 francs pour les semis à faible profondeur aux grandes altitudes et de 30 à 60 francs pour les semis par potets.

A cette dépense s'ajoute la valeur de la graine : 6 à 10 francs par hectolitre de châtaignes ou de glands et 0 fr. 50 à 10 francs par kilogramme de graines résineuses.

Pépinières. — Les pépinières sont destinées, quelques-unes — celles de Royat, de Taulhac, d'Arpajon notamment — à fournir des plants pour les travaux facultatifs de reboisement entrepris par les communes et les particuliers, le plus grand nombre à produire les plants à utiliser dans les périmètres de restauration.

Les travaux facultatifs sont effectués le plus souvent dans des régions sillonnées de voies de communication — chemins de fer, routes et chemins divers — dans des sols généralement assez fertiles, et dans des climats relativement peu rigoureux. Il est donc facile de transporter rapidement les plants et de les employer en temps utile, les différences de climat entre l'emplacement de la pépinière et les lieux d'utilisation étant peu considérables. Il en résulte que ces pépinières, qui sont d'une gestion et d'un entretien faciles, peuvent avoir une assez grande étendue.

Dans les périmètres de restauration, il y a intérêt à produire les plants à proximité des terrains à reboiser, de manière à réduire les frais et les inconvénients des emballages et des transports. On installe, par suite, des pépinières de petite étendue destinées à alimenter, selon la disposition du terrain, plusieurs séries, ou une seule série, ou même une ou plusieurs divisions d'une série.

On les dispose dans un repli de terrain ou sur une terrasse, sur un sol suffisamment profond et frais, à proximité d'un ruisseau ou d'une source, dans le voisinage d'une maison forestière ou d'une baraque de campement, aux expositions fraîches de préférence.

Si l'on considère que plus l'altitude augmente, moins les jeunes plants sont robustes et plus ils sont exposés à souffrir de la gelée, du déchaussement et du soleil, on est amené à ne pas dépasser l'altitude correspondant à la station moyenne des essences employées et même, dans les régions des Alpes et des Pyrénées, à s'arrêter peu au-dessus de la station inférieure du pin à crochets et du pin cembro, 1,700 mètres environ.

La saison de végétation étant très courte aux grandes altitudes, les plants se développent lentement et restent longtemps exposés aux intempéries, ainsi qu'on vient de l'indiquer; de plus, l'accès des terrains est difficile avant le mois de juin, les avalanches étant à redouter à l'époque de la fonte des neiges, de sorte qu'il n'est pas possible de procéder de bonne heure aux ensemencements de l'année ni de donner aux plants des années précédentes les soins nécessaires en temps utile.

Dans la région des Cévennes et du Massif central, on ne dépasse pas 1,400 mètres; à une plus grande altitude les intempéries et la rigueur du climat empêchent toute réussite.

Si cela est nécessaire, les plants peuvent être transportés et mis en jauge sur les lieux d'emploi situés aux grandes altitudes, pendant l'automne qui précède la transplantation. On peut aussi, au printemps, les rapprocher le plus possible des terrains à reboiser et même quelquefois se contenter de les mettre en jauge dans la pépinière même, cette opération ayant pour effet de retarder la végétation.

M. Chancerel recommande l'emploi du plâtre pour le transport des plants : « Des plants qui, transportés par les temps chauds, risquent de « s'échauffer », sont revivifiés si on les trempe dans une solution de plâtre; ils reprennent beaucoup mieux; avant même de les expédier, il serait excellent de les faire passer dans cette solution plâtrée » [1].

En ce qui concerne l'irrigation ou l'arrosage des plants en pépinière, Mathieu a formulé l'avis suivant :

« Tout en appréciant l'utilité des arrosements, je crois qu'il faut apporter beaucoup de réserve dans leur emploi et y recourir seulement quand les sécheresses compromettent la germination des graines, la santé ou la vie des jeunes plants. Trop répétés, ils lavent la terre et la privent des principes fertilisants solubles, exagèrent la consistance herbacée des plants et accroissent leur sensibilité à l'insolation; ils tendent enfin à leur constituer un enracinement grêle, en quelque sorte capillaire, peu en harmonie avec les sols où ils devront être plantés ensuite. Il ne faut pas d'ailleurs oublier qu'un léger binage, par lequel on rompt simplement la surface de la terre, sur une épaisseur de 5 à 6 centimètres, vaut un arrosement et permet au sol de conserver son humidité, de recevoir une abondante rosée. »

Il est utile de rappeler aussi les observations suivantes du même auteur :

« En vertu du principe que j'ai cherché à faire prévaloir sur l'emploi des végétaux indigènes dans les reboisements, ceux-ci doivent occuper la plus grande place dans les pépinières. L'on ne doit, en outre, s'y attacher qu'à la production des essences prin-

[1] Lucien CHANCEREL, *Action des engrais sur les végétaux ligneux*, Paris, 1909.

cipales et laisser dans l'ombre celles des essences subordonnées, que la nature se chargera d'introduire dans les peuplements créés sans avoir besoin de notre concours. Lorsqu'une pépinière n'est pas destinée à produire des plants d'un an ou de deux ans, que l'on veut mettre en terre par touffes, il ne faut pas oublier de pratiquer en temps opportun, soit le rigolage, soit le repiquement, soit le recepage souterrain du pivot, afin d'obtenir un enracinement profond et fourni de chevelu. L'inobservation de cette règle est très préjudiciable : les plants trop serrés dans les semis restent grêles comme des fils et n'ont que des racines capillaires qui en rendent la reprise incertaine, toujours lente. »

Pour la création d'une pépinière, le sol est défoncé à une profondeur de 40 à 50 centimètres, en laissant à la surface la couche de terre végétale. On ajoute du terreau comme amendement, s'il y a lieu, et dans tous les cas de l'engrais animal autant que possible, ou, à défaut, un mélange de terreau et d'engrais minéraux : scories de déphosphoration, superphosphate ou sulfate de chaux [1]. L'engrais animal se place à 25 centimètres environ au-dessous de la surface du sol, c'est-à-dire entre la terre végétale et les couches inférieures.

« Le sulfate de calcium peut s'employer sans limite de quantité : il favorise les semis, les repiquages, les rejets, les bouturages chez tous les végétaux ligneux. Dans certains cas, chez les jeunes plants, il double la production ligneuse [1]. »

Le plâtre semble, toutefois, présenter l'inconvénient d'épaissir rapidement le sol; on peut y remédier facilement.

La culture est faite par bandes ou planches de 0 m. 80 à 1 m. 20 de largeur, suivant l'inclinaison du sol.

Sur chaque planche, préalablement nivelée, on trace des sillons de faible profondeur, 3 centimètres environ, et espacés de 15 à 20 centimètres, dans lesquels les graines sont disposées en lignes

---

[1] Lucien CHANCEREL, *Action des engrais sur les végétaux ligneux*, Paris, 1909.

continues et recouvertes de 1 centimètre environ de terre finement ameublie ou d'un mélange de terre et de terreau : cette épaisseur de 1 centimètre peut être adoptée pour la plupart des graines résineuses.

Les graines peuvent être saupoudrées de minium avant l'emploi, en vue d'atténuer les dégâts causés par les rongeurs.

Pour conserver la fraîcheur du sol, on couvre souvent les parties semées d'une couche de mousse ou d'aiguilles de pin; on dispose aussi dans le même but, de chaque côté des sillons, des pierres plates de 10 à 20 centimètres d'épaisseur, qui ont en outre pour effet de s'opposer au soulèvement du sol par les gelées et à la croissance des herbes.

Quand on a de l'eau à sa disposition on procède, lorsque cela paraît utile, à des arrosages le matin et le soir, au lever et au coucher du soleil.

On protège les graines, jusqu'après la germination, contre les oiseaux et on effectue les sarclages et les binages nécessaires.

Pour abriter les jeunes plants, les mélèzes surtout, contre le soleil en été, on dispose au-dessus des planches des claies mobiles supportées par des piquets, ou bien on plante sur les bords de chaque planche des rameaux inclinés vers le centre.

L'action des alternatives de gelée et de dégel est surtout sensible dans les pépinières exposées au sud et à l'ouest. Il est nécessaire, dans ce cas, aussitôt après le dégel, de rechausser les jeunes plants avec du terreau jusqu'au-dessus du collet de la racine.

Enfin il faut avoir soin, lors des réensemencements successifs des planches, d'ajouter les engrais nécessaires.

Les semis de sapin et de chêne se font en général en automne et ceux des autres essences au printemps de préférence.

En Savoie, en vue de prévenir le déchaussement par la gelée, on répand parfois en automne sur les planches du fourrage coupé à proximité des pépinières, maintenu par des pierres : on a soin d'enlever cette couche protectrice dès que la neige a disparu.

et les essences, qu'il faut de 20 centiares à 1 are 25 de pépinière pour 1 hectare de terrain à boiser.

Les prix de revient varient suivant les régions de 1 franc à 4 francs le mille pour les résineux.

Les plants d'aune blanc, à Barcelonnette, reviennent à 0 fr. 75 le mille. La valeur des plants feuillus repiqués de 4 ans atteint 6 à 8 francs. (Planches 64 à 65.)

Plantations; âge des plants. — D'après Demontzey, « dans toute plantation de résineux ayant pour objet le reboisement en montagne, on doit prendre pour principe que, pour une même essence, on obtient un succès d'autant plus assuré que les plants employés sont plus jeunes ».

Les âges indiqués ci-dessous varient selon la nature des essences et l'altitude des pépinières et suivant que les plants ont été repiqués ou non :

Cyprès	2 à 3 ans.
Sapin	3 à 4
Épicéa	3 à 4
Mélèze	2 à 4
Cèdre	2 à 3
Pin sylvestre	
Pin à crochets	
Pin laricio de Corse	2 [1]
Pin laricio d'Autriche	
Pin laricio des Cévennes	
Pin d'Alep, de préférence	1 [2]
Pin cembro	3 à 5
Frêne	2 à 6
Hêtre	1 à 5
Châtaignier	1 à 4
Chêne rouvre	1 à 4
Autres feuillus	2 à 6

[1] On peut aller jusqu'à trois ans.

[2] Quelquefois deux ans.

64. Périmètre de l'Ubaye (Basses-Alpes). Série de Saint-Pons. — Pépinière d'aune blanc.

65. Périmètre de la Dourbie (Gard). Serre de Bréau. — Pépinière de Fabret.

On emploie des plants plus âgés, 4 à 5 ans, dans certains sols calcaires qui se délitent et se divisent très fortement par la gelée, sur les versants très inclinés où les glissements de neige peuvent extraire partiellement et même arracher les plants trop peu profondément enracinés, sur les pentes peu stables superficiellement où de jeunes plants pourraient être couverts de matériaux détritiques ou au contraire déchaussés.

Les mélèzes provenant de semis en place et extraits en mottes ont de 5 à 8 ans.

Choix des plants. — Pour éviter des frais de transport inutiles et augmenter les chances de succès, on procède au triage des plants immédiatement après leur extraction en pépinière. On rejette ceux qui ont été endommagés pendant l'extraction, ainsi que ceux dont la cime et l'enracinement ne sont pas suffisamment développés. Ces derniers peuvent être repiqués pour être utilisés ultérieurement; on a tout intérêt à opérer de cette manière en ce qui concerne le mélèze.

On met aussi de côté les plants ayant la plus grande taille. Ils sont réservés pour les terrains peu stables ou à forte pente, où ils risquent moins que les autres d'être déchaussés, recouverts ou arrachés : on évite ainsi l'emploi de plants plus âgés.

Époque des plantations. — Pour les résineux, le printemps est préféré à cause de la fraîcheur du sol en cette saison et aussi parce que les plants disposent d'une année de végétation pour se développer avant les intempéries de l'automne et du début du printemps suivant : solidement enracinés dans un sol bien tassé, ils résistent au soulèvement par les gelées, à l'entraînement par le glissement des neiges, au déchaussement ou à l'enfouissement à la suite des fortes pluies. On utilise toutefois l'automne, surtout aux grandes altitudes à cause de la brièveté de la saison des travaux.

On plante dès la fin de l'hiver les versants les plus chauds aux altitudes inférieures, puis on passe aux expositions fraîches et on s'élève graduellement à mesure que la neige disparaît. On espace ainsi les travaux du mois de mars à la fin de juin.

On les reprend dans la haute montagne dès les premières pluies de septembre et on redescend en suivant l'ordre inverse de celui du printemps.

On est aidé dans ces manœuvres par ce fait que les pins peuvent être transplantés quand ils ont commencé à végéter.

Les feuillus qui sont employés habituellement à des altitudes peu considérables peuvent être plantés au printemps avant le début de la végétation, mais ordinairement on adopte l'automne.

Il faut surtout considérer la nature des essences. Les plants à feuilles caduques peuvent être mis en terre aussi bien en automne qu'au printemps, mais les espèces à feuilles persistantes doivent être plantées de préférence au printemps.

Il y a lieu parfois de tenir compte de certaines considérations relatives au sol et au climat.

Ainsi, dans l'Ardèche, les plantations d'automne donnent seules des résultats satisfaisants dans les sols calcaires situés à de faibles altitudes.

On plante aussi de préférence en automne dans l'Aude parce que les gelées sont rares dans cette saison et qu'au printemps il se produit souvent des pluies prolongées qui détrempent complètement le sol.

Plantation par potets. — Il y aurait intérêt à adopter le nombre de 10,000 potets à l'hectare qui permet aux jeunes plants de se prêter dès le début un mutuel appui. Mais, pour réduire les frais de reboisement et surtout les dépenses d'éclaircies, on diminue ce nombre et on admet, selon les régions et les essences, 7,000 à 4,500 potets par hectare, et même 2,500 seulement pour le mélèze.

On réserve les plantations serrées, à raison de 10,000 potets à l'hectare, pour les terrains qui présentent des conditions très défavorables de sol ou de climat.

La profondeur et la longueur des potets sont ordinairement de 3o à 4o centimètres; la largeur est réduite à 2o centimètres environ sur les sols peu stables superficiellement, ou sujets à se déliter très fortement par la gelée, ou encore présentant une très forte inclinaison.

On se contente quelquefois, dans la Haute-Garonne notamment, d'entailler le sol à la pioche, puis on dispose un ou deux plants dans l'entaille et on laisse retomber la tranche soulevée.

Dans les petits atterrissements formés en amont des bandes enherbées sur les berges on ouvre aussi seulement une entaille dans laquelle on place un ou deux plants que l'on consolide en comprimant la terre meuble.

Dans la Haute-Loire, où le sol est ordinairement profond et assez meuble, on utilise le plantoir Prouvé, qui permet d'installer le plant sans retourner les racines : une simple compression suffit pour le mettre en contact avec la terre végétale et pour éviter le soulèvement par la gelée.

Les résineux se plantent généralement par touffes de deux ou de trois plants non repiqués; mais le plus souvent le mélèze est planté par pieds isolés : il en est de même des plants repiqués.

La plantation par pieds isolés est employée pour les feuillus : toutefois, on plante souvent le hêtre d'un an par touffes de deux plants.

On plante des feuillus sur les atterrissements et au pied des berges. Ils présentent l'avantage d'une croissance rapide, ils s'étendent par drageonnement ou par marcottage selon les essences, enfin ils forment des cépées par le recepage. Les essences les plus employées sont les aunes, les saules et les peupliers. L'aune seul se plante, le saule et le peuplier se bouturent.

Dans les reboisements des versants, on dispose autour des plants, et surtout au midi, des pierres ou, à défaut de pierres, des mottes de gazon retournées pour servir d'abri, pour maintenir la fraîcheur du sol et pour faire obstacle au soulèvement par la gelée et aussi au déchaussement par le ruissellement. A ce sujet, Mathieu fait l'observation suivante : « Des pierres, placées autour des plants mis en terre, en même temps qu'elles abritent le sol et le maintiennent frais, préviennent le déchaussement qui, sans cette précaution, pourrait être à redouter. Je recommanderai, à ce propos, l'emploi de pierres d'assez fortes dimensions et non de pierrailles, dont le rapide et complet échauffement rendrait certainement l'action plus nuisible qu'utile. »

Le prix de revient varie de 10 à 18 francs par mille potets plantés; pour une moyenne de 6,000 potets à l'hectare, la dépense correspondante est de 60 à 108 francs.

Plantation en mottes. — On utilise pour la plantation en mottes des plants de mélèze ou de pin à crochets provenant de semis effectués sur un sol ferme et gazonné. On extrait les plants avec la motte de terre qui entoure leurs racines et on les met en place dans des trous préparés à cet effet sur des versants arides ou sur des berges très inclinées. Les mottes sont surtout faciles à extraire dans les semis par sillons horizontaux; on peut aussi utiliser les semis naturels surabondants qui se trouvent autour des bouquets de mélèze.

La plantation en mottes peut être employée pour faire des regarnis, en vue de combler les vides existant dans des plantations ou semis antérieurs.

Le prix de revient est de 50 à 60 francs pour 1,000 mottes.

Plantation par mottes. — La plantation par mottes a été employée dans la Haute-Garonne pour le reboisement des clappes.

On extrait dans une pelouse des mottes de gazon de 35 centimètres de côté et de 20 centimètres d'épaisseur. Après avoir préparé des trous de 40 centimètres de côté et de profondeur, on dispose dans chacun d'eux une motte dont la partie gazonnée repose sur le fond et on la recouvre d'une autre motte placée dans sa position naturelle. Avec une bêche demi-circulaire on ouvre, dans l'ensemble des deux mottes, un trou dans lequel on place un plant que l'on fixe avec la terre retirée de la bêche demi-circulaire et émiettée préalablement.

La dépense pour 1,000 potets est la même que dans le cas précédent.

Plantation par cordons. — Ce mode de plantation, à peu près abandonné actuellement, peut être employé pour les combes et les berges des ravins. On dispose, dans des sillons ouverts à cet effet, des lignes de plants feuillus très rapprochés les uns des autres. Les cordons sont espacés de 5 à 10 mètres et leur prix de revient est de 15 à 20 centimes par mètre courant.

Multiplication par division. — On sait que des portions détachées d'un végétal sont susceptibles de le reproduire intégralement lorsqu'elles sont placées dans des conditions convenables.

La multiplication par division peut se faire suivant deux procédés distincts : on peut ne séparer le rameau de la plante mère qu'après avoir provoqué en un point de ce rameau la formation de racines, ou bien effectuer immédiatement la séparation.

Le premier procédé constitue le marcottage, et le dernier le bouturage.

Une marcotte est un rejet de souche, ou quelquefois un rameau, courbé, au printemps de préférence, dans la terre et couvert de terre chargée de quelques pierres au point où l'on désire que se produise l'enracinement.

Lorsque l'enracinement a eu lieu on sépare de la plante mère la branche marcottée qui produit ainsi un individu semblable à celui dont elle provient. Dans les périmètres on n'effectue pas, en général, la séparation de la marcotte.

La bouture est une portion d'un végétal, complètement isolée de ce végétal et placée dans les conditions normales de la végétation.

On emploie, au commencement du printemps de préférence, des pousses d'un an ou de deux ans selon les espèces et d'une longueur de 15 à 70 centimètres, que l'on met en terre au moyen d'un plantoir ou d'une barre à mine, en laissant une saillie de 15 à 20 centimètres au-dessus du sol.

On place aussi les boutures dans des sillons peu profonds qu'on recouvre de terre surchargée de quelques pierres.

Les boutures en corbeille, disposées autour d'un trou à parois inclinées, de 90 centimètres d'ouverture environ, permettent d'étendre la végétation en procédant ultérieurement à des marcottages dans toutes les directions.

On remplace souvent, pour le saule, les boutures proprement dites par des branches de 1 m. 50 à 3 mètres de longueur, couchées dans des sillons de 15 à 20 centimètres de profondeur creusés en partie dans l'atterrissement et en partie dans la berge voisine.

On les recouvre de terre, en laissant sortir les extrémités des branches latérales et de la pousse terminale.

Le bouturage est très employé sur les atterrissements et sur la partie inférieure des berges; on utilise surtout pour l'effectuer les saules, les peupliers et la corroyère.

On a recours au marcottage pour étendre le cercle de végétation de touffes buissonnantes d'espèces feuillues : ailante, corroyère, églantier, charme-houblon, saules, peupliers. On a soin de couper préalablement les cépées trop âgées ou rabougries afin d'avoir des tiges se prêtant bien à l'opération.

Le prix de revient des boutures est de 10 à 15 francs par mille et celui des marcottes de 20 à 25 francs.

On rattache à la multiplication par division la plantation de drageons ou d'éclats.

66. Périmètre de l'Ubaye (Basses-Alpes). Série de Saint-Pons. — Plantation de mélèzes. Chantier à l'altitude de 1.800 mètres.

67. Périmètre de l'Ubaye (Basses-Alpes). Série de Saint-Pons. — Mélèzes de 17 ans. Plantation.

68. Périmètre de la Pique (Haute-Garonne). Série de Juzet-de-Luchon.
Pins sylvestres et mélèzes de 32 à 35 ans. Plantation.

69. Périmètre de l'Ubaye (Basses-Alpes). Série de Saint-Pons. — Pins cembros, mélèzes et pins à crochets de 15 à 20 ans. Plantations à l'altitude de 2.000 à 2.300 mètres.

70. Périmètre de l'Ubaye (Basses-Alpes). Série de Faucon. — Pins noirs et mélèzes de 40 ans.
Semis et plantation.

71. Périmètre de l'Argent-Double. Série de Caunes. — Pins d'Alep, chênes geuses, cèdres de 40 ans. Semis.

L'hippophaé se multiplie habituellement par la plantation de drageons.

La plantation par éclats est employée pour le coudrier. On sépare en quatre ou cinq parties, ou éclats, une souche munie de nombreux rejets que l'on recèpe et on plante les éclats ainsi obtenus; l'opération se fait en automne. (Planches 66 à 71.)

Observations relatives aux travaux de reboisement. — Le traité pratique du reboisement de Demontzey renferme tous les renseignements relatifs à l'exécution des plantations et des semis en place et en pépinière, et aux quantités de graines à employer par unités de contenance.

La flore forestière de Mathieu, revue par M. Fliche, fournit toutes les données complémentaires qui peuvent être utiles, notamment en ce qui concerne les dégâts causés par les insectes.

La chenille processionnaire du pin attaque surtout les peuplements de pin sylvestre. On se borne le plus souvent à se conformer aux arrêtés préfectoraux sur l'échenillage, c'est-à-dire à détruire les chenilles sur les lisières des massifs. On coupe et on incinère les extrémités des branches inférieures et moyennes qui portent des bourses; sur les deux ou trois verticilles supérieurs et sur la pousse terminale, on détruit les chenilles au moyen de pétrole.

Le *peridermium pini corticola* se rencontre souvent, dans la région des Pyrénées, dans les jeunes peuplements de pin sylvestre, de pin à crochets et de pin d'Alep. On abat au printemps et on brûle les tiges fortement atteintes, après les avoir enduites, s'il y a lieu, de goudron ou d'un lait de chaux pour empêcher la dissémination des spores.

On se contente de badigeonner avec un lait de chaux les tiges les moins malades; leur existence semble prolongée par ce traitement.

Les incendies sont surtout à redouter dans les Cévennes méridionales. On les prévient en débroussaillant les lisières des massifs et les bords des sentiers, en élargissant les chemins quand ils occupent un emplacement favorable, enfin en établissant, quand cela est nécessaire, des garde-feux placés surtout sur les crêtes : ces dispositions permettent aussi de combattre le feu.

En ce qui concerne le choix des essences, il ne faut pas perdre de vue que l'on doit donner la préférence aux espèces à feuilles persistantes, à cime suffisamment fournie et donnant rapidement une couche de feuilles mortes et de débris pour s'opposer au ruissellement, croissant en massif assez serré afin de retenir et d'évaporer directement, ou indirectement par la transpiration, une partie notable de l'eau tombée, pourvues enfin d'un puissant enracinement, pour retenir le sol et le drainer.

Les pins, qui remplissent ces diverses conditions, sont très largement employés dans les périmètres de restauration; leur utilisation est d'autant plus facile que, parmi les diverses espèces du genre, il s'en trouve pour tous les sols et pour tous les climats.

Il n'y a pas lieu, toutefois, de proscrire les autres essences; le mélèze dans les Alpes et dans les Pyrénées, le hêtre, le châtaignier et le sapin dans les Cévennes et dans les Pyrénées, d'autres espèces moins importantes dans les trois régions, occupent une place très utile dans les reboisements.

Les avantages du mélange sont bien connus, mais il faut rester dans de certaines limites. Mathieu formule à ce sujet l'appréciation suivante : « Les forêts des régions tempérées, de la France conséquemment, ont une constitution toute différente de celles des régions tropicales. En place de l'extraordinaire diversité des végétaux qui caractérise ces dernières, on n'y remarque qu'un petit nombre d'essences dominantes, une seule en bien des cas, rarement plus de deux ou trois. Cette loi ne doit pas être perdue de vue: planter ou semer en un même lieu des frênes, alisiers et sorbiers, des chênes, châtaigniers et robiniers, des pins sylvestres, d'Autriche et à crochets, du sapin, du cèdre et du mélèze, serait la méconnaître, en même temps que l'on méconnaîtrait les exigences différentes d'espèces que la nature n'a pas destinées à vivre en mélange ».

Sur les atterrissements, dans le lit des ravins qu'on veut fixer rapidement par la végétation, sur les berges peu stables où les mouvements des terres sont à craindre, les feuillus sont à leur place parce qu'ils ont en général une croissance active, qu'ils peuvent souvent se reproduire par boutures et s'étendre par le drageonnement ou par le marcottage, qu'ils résistent mieux aux blessures et aux attaques des insectes que les résineux, qu'ils repoussent de souche et qu'on peut ainsi les couper périodiquement, obtenir de larges cépées et éviter la présence toujours dangereuse de grands arbres dans un torrent.

Les principaux éléments des climats résultent de la situation géographique, mais surtout de l'altitude et de l'exposition, auxquelles il faut ajouter l'orientation par rapport aux vents qui amènent habituellement la pluie, ainsi que la présence ou l'absence d'abri contre les vents nuisibles.

Ainsi qu'on l'a indiqué précédemment, la limite supérieure des forêts en altitude paraît être de 2,000 mètres environ, avec des oscillations au-dessus et au-dessous de cette moyenne.

A mesure qu'on s'élève au-dessus de la limite de la forêt proprement dite, les groupements d'arbres perdent ordinairement de plus en plus leur continuité; ils forment d'abord des bouquets, puis ils se présentent par pieds isolés ou par groupes de quelques pieds plus ou moins espacés. La taille des arbres diminue en même temps.

Les causes de l'arrêt de la végétation forestière ont été indiquées ainsi qu'il suit: « On sait qu'en montagne les forêts ne dépassent pas une certaine altitude et qu'elles s'y arrêtent brusquement.

« En certains cas la limitation est due à des vents froids.

« Dans les monts Selkirk la neige paraît être l'agent principal. Elle agit de deux façons d'après M. Schaw: elle peut briser et détruire par son poids les jeunes arbres, elle peut maintenir les jeunes arbres et les branches basses dans des accumulations de neige humide qui détermine une sorte de submersion et les rend plus exposés à être envahis par les champignons (ou attaqués par les insectes).

« Là où le vent est le facteur limitant, les arbres ont une hauteur réduite, ils sont rabougris, ils poussent drus en société, ils présentent un niveau supérieur uniforme et les postes avancés de la forêt se trouvent dans des dépressions locales, sur des emplacements abrités.

« Les arbres que mutile le vent ont le sommet mort ou mourant, souvent avec perte de la forme conique, et la croissance des branches est limitée à la ligne critique, d'où une allure unilatérale avec branches épaisses.

« Là où la neige est l'ennemi, la forêt, avec l'altitude, se résout en groupes d'arbres. Ceux-ci deviennent de plus en plus isolés, épars, et les groupes supérieurs occupent des crêtes et des élévations locales. Les victimes de la neige ont des branches supérieures saines et vigoureuses, mais les inférieures mourantes ou mortes, brisées par la neige ou attaquées par les champignons. Les champs alpins des Selkirk, qui commencent à 1,800 mètres, sont dus principalement à la neige [1] ».

Ch. Martins signale la dépression atmosphérique comme augmentant la transpiration des plantes alpines; il indique, comme conditions spéciales de la végétation de ces plantes, en dehors de l'intensité de la lumière, le froid, le vent et la neige, qui réduisent la taille des arbres.

Il faut tenir compte aussi de la chaleur de la terre. « L'échauffement relatif du sol par rapport à celui de l'air est infiniment plus considérable sur la montagne que dans la plaine [2] ». Inversement,

---

[1] Les zones limites des arbres de montagne. Voir *Revue scientifique*, n° 29, du 6 juin 1908.

[2] Ch. MARTINS, *Du Spitzberg au Sahara*. Paris, 1865.

pendant la nuit, un rayonnement intense abaisse considérablement la température de la surface du sol.

On attribue aussi à la diminution de l'humidité de l'air une certaine influence sur la végétation des plantes alpines, dont la transpiration serait activée dans une sensible proportion.

L'humidité absolue diminue en effet avec l'altitude, mais la température diminue aussi, de sorte que l'humidité relative qui intervient dans le phénomène de la transpiration peut augmenter ou diminuer selon la prédominance de l'un ou de l'autre élément.

Dans tous les cas, la vapeur d'eau étant en moins grande quantité, les rosées sont moins abondantes sur les hauts sommets que dans les vallées. C'est probablement pour ce motif et aussi à cause de l'échauffement du sol que les semis par potets ordinaires ou par bandes ne réussissent pas aux grandes altitudes. Les plantes herbacées, qui croissent en même temps que les jeunes plants sur ces espaces cultivés, se dessèchent d'abord, puis les jeunes plants eux-mêmes, dont l'enracinement est un peu plus profond, disparaissent à leur tour quelques jours plus tard.

Dans ces régions de haute montagne, à partir de 2,000 mètres, les plantations en mottes donnent de bons résultats. On peut aussi planter par potets en employant des plants assez développés pour que les racines soient placées au-dessous de la couche de terre soumise aux variations brusques de température.

Dans chaque région, l'expérience déjà acquise permet de choisir les essences adaptées aux divers sols et aux divers climats. En ce qui concerne la zone alpine, c'est-à-dire à partir de 1,700—1,800 mètres, le nombre de ces essences est limité.

Dans les Alpes, le pin sylvestre atteint la limite inférieure de la zone, l'épicéa y pénètre mais il est peu employé; on utilise le mélèze et le pin à crochets jusqu'au delà de 2,000 mètres, le mélèze et le pin cembro en mélange jusqu'à 2,200 mètres et plus haut le pin cembro seul. Le mélèze et le pin à crochets sont d'ailleurs employés à partir de l'altitude de 1,500 mètres environ. On place le pin à crochets aux expositions chaudes, sur les versants secs, pierreux, balayés par le vent tandis qu'on emploie le mélèze dans les replis de terrain où la neige s'accumule, sur les sols meubles et suffisamment profonds, aux expositions fraîches de préférence.

Dans la région des Cévennes et du Massif central, le sapin, le hêtre, l'épicéa, le pin à crochets sur les crêtes battues par le vent, le mélèze, le pin cembro quelquefois occupent les hauts sommets.

Dans les Pyrénées, le hêtre, l'épicéa, le pin sylvestre atteignent la zone alpine, le bouleau y pénètre assez haut, le mélèze réussit bien en plantation jusqu'à 2,200 mètres, le pin à crochets dont on trouve des représentants au delà de 2,400 mètres est l'essence naturelle des hautes montagnes.

Dans les conditions actuelles, les travaux de reboisement n'atteignent guère que l'altitude de 2,300 mètres mais on pourra peut-être plus tard dépasser un peu cette limite : il peut se faire, il est inutile d'en indiquer les motifs, que la végétation remonte de proche en proche.

Dans le bassin du torrent de Saint-Antoine, à Modane (Savoie), la végétation forestière atteint exceptionnellement l'altitude de 2,300 mètres. Sur le versant de rive gauche, on rencontre à cette hauteur des mélèzes et des pins cembros d'assez belle venue et on trouve des semis naturels de pin cembro jusqu'à 2,430 mètres.

Dans chaque région, à part les exceptions indiquées précédemment au chapitre VI relatif à la description des espèces, on emploie les essences locales pour les travaux de reboisement. On se conforme ainsi aux recommandations de Mathieu : « Tant de mécomptes, impossibles à prévoir et à conjurer, peuvent compromettre les résultats des travaux de restauration des montagnes, qu'au moins est-il prudent de ne rien négliger pour leur opposer le plus de chances favorables. Parmi celles-ci, je mets en première ligne l'emploi des végétaux indigènes ».

Toutefois, on a installé dans le département du Gard quatre arboretums, pour les essences forestières exotiques, en vue de

72. Périmètre de l'Ubaye (Basses-Alpes). Série de Méolans. — Vieux mélèzes. Altitude de 2.200 mètres.

73. Périmètre de l'Ubaye (Basses-Alpes). Série de Méolans. — Pins cembros.
Altitude de 2.200 mètres.

74. Périmètre de l'Hérault (Gard). Série de Bréau. — Arboretum de Puéchagut.

75. Périmètre de l'Hérault (Gard). Série de Vallerauge. — Observatoire de l'Aigoual.

faire des observations sur la végétation, le développement et les maladies des diverses espèces introduites : on pourra, plus tard, apprécier avec une exactitude suffisante la valeur de ces espèces.

De plus, un jardin botanique de plantes alpines a été créé dans le département des Basses-Alpes, près du lac d'Allos, à l'altitude de 2,140 mètres : à l'intérêt général qui s'attache aux jardins alpins, vient s'ajouter l'intérêt spécial que présente cette installation en ce qui concerne la recherche des arbrisseaux et des plantes herbacées susceptibles d'être employés pour la fixation des berges torrentielles. Le jardin d'Allos ne renferme que des espèces indigènes.

Il était utile enfin d'étudier les modifications du climat local sous l'influence progressive du reboisement : indépendamment de l'intérêt d'ordre général que présentent les observations en montagne, cette considération a motivé en grande partie la création de l'observatoire de l'Aigoual [1]. (Planches 72 à 75.)

[1] Voir : E. HENRY, *Les sols forestiers*. Paris et Nancy, 1908.

CHAPITRE VIII.

TRAVAUX DE CORRECTION.

Utilité des travaux de correction. — Murs d'arrêt et banquettes contre les avalanches. Drainage. Garnissage; correction des petits ravins secs; consolidation de berges instables. Barrages, Blocages et enrochements. Épis. Fascinages et clayonnages. Perrés. Défense de rives. Combes; mode spécial de correction. Dérivation d'un torrent. Canalisation d'un torrent. Travaux de correction dans les torrents glaciaires. Travaux divers. Observations relatives aux travaux de correction.

Utilité des travaux de correction. — «Une seule chose est nécessaire, le reboisement des terrains périmétrés»[1]. Cette appréciation formulée au commencement de 1903, même en tenant compte des restrictions qui l'accompagnaient, ne correspond plus à la réalité des choses.

On pouvait penser à cette époque que le reboisement des bas-

[1] J. BERT, Rapport au VII⁰ congrès international d'agriculture. Rome, avril-mai 1903. «Une seule chose est nécessaire, le reboisement des terrains périmétrés.

«On protège ainsi le sol et on empêche la concentration des eaux météoriques et les dégradations qui en sont la conséquence.

«Mais l'installation de la végétation forestière exige souvent l'exécution préalable de travaux spéciaux. Certains versants, par exemple, sont balayés chaque année par des avalanches et d'autres sont constitués par des terres qui glissent ou qui fluent lorsqu'elles sont imbibées d'eau. Il faut remédier à ces graves inconvénients, par la construction de murs d'arrêt ou de banquettes dans le premier cas et, dans le second cas, par le drainage du sol ou par l'établissement d'ouvrages de correction.

«De plus, la croissance des plants est lente, en général, à cause du défaut de fertilité du sol et de l'altitude, et l'état de massif nécessaire pour combattre efficacement l'action torrentielle ne peut être obtenu qu'après un assez long espace de temps. Enfin, dans certaines circonstances, on a été amené, par suite de considérations spéciales, à ne comprendre dans les périmètres que des surfaces trop restreintes pour que le reboisement produise des effets d'une efficacité suffisante.

«On est, par suite, entraîné à entreprendre des travaux de correction pour procurer une protection immédiate aux cultures inférieures et aux voies de communication.»

sins, qui a pour effet d'entraîner la restauration progressive des terrains dégradés et l'amélioration correspondante du régime des torrents, pourrait suffire dans la plupart des cas, avec l'aide de travaux de consolidation peu importants. Mais la situation est modifiée depuis peu, comme on l'a fait remarquer précédemment (Chap. IV, § 4).

L'énergie de l'eau courante, si facile à utiliser dans les montagnes, à cause de la forte pente du lit des cours d'eau, est recherchée par l'industrie, qui s'installe de plus en plus fréquemment dans les régions torrentielles. Il y a donc un grand intérêt à assurer plus souvent qu'autrefois la protection immédiate des vallées et des voies de communication et à ne pas se contenter de l'amélioration certaine, mais lente, procurée par le reboisement. De plus, les sites remarquables commencent à attirer les touristes et à les retenir dans nos montagnes et il est nécessaire, pour ne pas enrayer ce mouvement, d'assurer la sécurité des transports rapides, individuels ou en commun.

Il en résulte l'obligation de corriger les torrents dangereux.

L'énumération des principaux ouvrages de correction a été donnée précédemment (Chap. V, § 1er).

Murs d'arrêt et banquettes contre les avalanches. — Les avalanches sont très fréquentes dans la haute montagne. Elles suivent en général des couloirs ou des passages bien déterminés, où elles ne causent que des dégâts sans importance.

Mais, dans certains cas, il est nécessaire de les prévenir, autant que possible. Il en est ainsi lorsqu'elles menacent des lieux habités, comme cela se produit à Barèges (Hautes-Pyrénées), à Bourg-d'Oueil (Haute-Garonne), à l'Hospitalet (Ariège), au Pra (Alpes-Maritimes), ou quand elles entraînent de grandes quantités de matériaux susceptibles d'alimenter des laves torrentielles, ou enfin quand elles mettent obstacle au reboisement d'un versant qu'il est nécessaire de fixer.

Les murs d'arrêt et les banquettes sont établis sur les points d'où se fait habituellement le départ de la neige.

Les murs, en maçonnerie sèche, ont le plus souvent une hauteur totale de 2 mètres, avec un minimum de longueur de 15 mètres. L'épaisseur du couronnement est de o m. 60 ou de o m. 80, selon la hauteur, le parement amont est vertical et le parement aval présente un fruit d'un cinquième; une petite plate-forme de o m. 50 à o m. 60 de largeur est établie à l'amont de l'ouvrage. Les fondations ont une profondeur variable suivant la nature du terrain, o m. 15 environ, et sont en pente vers l'amont. On emploie pour le couronnement des pierres de fortes dimensions, ayant, autant que possible, l'épaisseur de l'ouvrage. On peut remplacer la pierre sèche par la maçonnerie aux extrémités des murs, quand on ne dispose pas de matériaux de dimensions suffisantes.

Sur un versant à pente sensiblement uniforme, les murs sont répartis en plusieurs rangées horizontales, de telle sorte qu'à l'intervalle compris entre deux murs d'une même rangée corresponde un mur d'une rangée voisine.

Quand la neige se détache dans des couloirs étroits, les murs d'arrêt deviennent de véritables barrages, comme à l'Hospitalet. Ces murs ont une hauteur de 3 mètres à l'amont, l'épaisseur au couronnement est de o m. 80 à 1 mètre et le fruit du parement aval est d'un cinquième; ils ont été construits en gros blocs de granite, placés autant que possible par assises horizontales.

On peut remplacer les murs par des rangées de pierres encastrées dans le sol, mais ce système de défense est moins durable et beaucoup moins efficace que le premier.

En Savoie, dans les schistes de lias ou du flysch, qui ne renferment pas de matériaux résistants et où par suite il n'est pas possible de construire des murs d'arrêt, on a établi des banquettes, c'est-à-dire des gradins taillés dans la roche sur 1 mètre de largeur et 10 mètres environ de longueur. Quand on le peut, on soutient les déblais avec un petit mur qui permet d'installer des plants assez loin du talus d'amont pour qu'ils ne risquent pas d'être recouverts de matériaux.

Les banquettes construites dans les Pyrénées sont de deux types différents. Dans la Haute-Garonne et dans l'Ariège elles consistent en des plateformes horizontales de 2 mètres de largeur en moyenne, établies moitié en déblai et moitié en remblai, avec un léger devers vers la montagne. Le talus de remblai est soutenu par un mur en pierre sèche avec un fruit d'un cinquième ou par un revêtement en mottes de gazon avec un fruit d'un quart.

On peut disposer une ligne de plants dans le remblai.

La longueur de ces banquettes varie de 5 à 15 mètres, 10 mètres le plus souvent; elles sont disposées en lignes espacées de 8 à 10 mètres et séparées dans chaque ligne par un intervalle d'environ 10 mètres. Les intervalles d'une rangée correspondent aux banquettes des rangées supérieure et inférieure.

Dans les Hautes-Pyrénées, la plate-forme taillée dans le flanc de la montagne sert de support à un massif en pierre sèche de 2 mètres de saillie, avec un fruit d'un cinquième ou d'un quart au parement aval. Le couronnement, en dévers vers le versant, est formé de pierres plates; la hauteur et la longueur du massif varient suivant la forme du terrain.

Quand le point de départ des avalanches est situé dans la zone de la végétation forestière, les murs ou les banquettes ne sont appelés qu'à produire un effet temporaire, des plantations effectuées sous la protection de ces ouvrages devant fixer plus tard la neige d'une façon efficace et durable.

Dans certains cas, on a été conduit à établir des massifs de maçonnerie sèche en vue de détourner les avalanches de leur marche.

On observe quelquefois, au sommet des crêtes, des corniches de neige formées par le vent. Ces corniches, qui présentent un talus à peu près vertical, du côté opposé à la direction d'où provient la neige, s'effondrent et provoquent sur les pentes qu'elles dominent des avalanches dangereuses, surtout des avalanches de poussière.

Pour empêcher la formation des corniches, on installe, en arrière des crêtes, des murs d'arrêt de 1 mètre à 1 m. 50 de hauteur, ou plus simplement des clayonnages, afin de rejeter la neige sur le versant d'où elle vient.

Le Journal forestier suisse (1er semestre 1909) renferme de très utiles renseignements sur la construction des murs d'arrêt et de banquettes au moyen de rails hors d'usage.

Drainage. — Les terres fortement détrempées perdent toute cohésion et fluent sur les pentes, ou bien elles glissent sur les couches inférieures moins perméables.

Ces mouvements du terrain sont dus aux infiltrations provenant des pluies prolongées, de la fonte des neiges, de sources profondes, d'excès d'arrosage ou du défaut d'étanchéité des canaux d'irrigation.

On les combat en augmentant, par le drainage, la cohésion du sol ainsi que le coefficient de frottement sur le plan de glissement.

On établit dans ce but des canaux que l'on a pris l'habitude de désigner sous le nom de drains et qui recueillent les eaux pour les conduire dans les thalwegs.

On reconnaît qu'une nappe souterraine est coupée lorsque l'eau sort latéralement des parois de la tranchée au lieu de jaillir du fond.

Dans le cas où les terres en mouvement ont une grande épaisseur, il n'est pas possible d'ouvrir des tranchées suffisamment profondes, mais, par un drainage serré, on peut dessécher le sol à la profondeur ordinaire et former ainsi une surface suffisamment résistante pour retenir l'ensemble de la masse.

On donne aux drains des profondeurs variables : 2 mètres, 1 m. 50 et 1 mètre généralement.

Les plus profonds, dits de premier ordre ou collecteurs, ont ordinairement une largeur au fond de 0 m. 70 et les berges présentent un fruit d'un cinquième. Un radier concave, avec flèche égale au cinquième ou au dixième de la corde et une épaisseur au milieu de 0 m. 10 au moins, est construit au fond ; sur ce radier, des pierres plates arcboutées deux à deux forment un canal à section triangulaire au-dessus duquel le fossé est comblé avec des pierres de toutes dimensions, les plus grosses étant placées à la partie inférieure. Les drains de 2 mètres de profondeur pour les lignes principales et de 1 mètre pour les embranchements suffisent généralement.

On peut remplacer la section triangulaire par une section demi-circulaire en construisant sur le radier une petite voûte en pierre sèche, ou par une section carrée ou rectangulaire plus facile à construire.

Pour les drains de deuxième et de troisième ordre, le fruit donné aux berges est également d'un cinquième et le radier est établi comme dans le premier cas, mais les profondeurs sont de 1 m. 50 ou de 1 mètre, et les largeurs, au fond, de 0 m. 60 ou 0 m. 40. Dans tous les cas, les sections doivent être déterminées de manière à permettre le prompt écoulement des eaux d'infiltration.

Dans des circonstances exceptionnelles on peut être amené à assécher les terres sur une grande profondeur, jusqu'à 3 et même 4 mètres, mais la dépense devient beaucoup plus élevée.

Les drains de premier ordre s'établissent en général suivant les lignes de plus grande pente, afin d'assurer l'écoulement rapide des eaux ; ils risquent moins aussi d'être disloqués par les mouvements du sol.

Des regards sont installés sur le parcours des drains et aux points de jonction des embranchements.

On construit, comme têtes de drains, de petits murs de soutènement.

Quand les eaux de drainage sont abondantes on les réunit dans une rigole pavée établie dans le thalweg et allant s'appuyer sous le couronnement d'un barrage.

Lorsque les mouvements du sol sont dus au défaut d'étanchéité des canaux ou à l'absence de colateurs, il y a souvent avantage à supprimer la cause de l'infiltration des eaux plutôt que d'entreprendre de coûteux travaux de drainage.

Pour empêcher les eaux de ruissellement de dégrader le sol, on a souvent intérêt à les recueillir dans de petits canaux de o m. 5o environ de profondeur, ouverts suivant les plis du terrain et remplis de pierrailles ou de fascines.

Ces canaux peuvent être remplacés par des rigoles pavées.

Dans le cas de terres en mouvement, on plante des essences asséchantes aussitôt que le drainage a procuré au sol une stabilité suffisante.

L'action du drainage a toujours été efficace quand on l'a employé pour arrêter des glissements superficiels d'une étendue limitée ou pour assécher des terres éboulées.

Garnissage. Correction des petits ravins secs. Consolidation de berges instables. — Dans les ravins secs des Alpes, on procède souvent au garnissage du lit au moyen de tiges et de branches couchées dans le thalweg de telle sorte que les extrémités des rameaux soient dirigées vers l'amont.

Les ravins secs sont ceux qui ne débitent pas d'eau en temps normal ou n'en débitent qu'un très mince filet.

Les branches sont disposées de manière à former une surface un peu concave dans le sens du profil en travers. Elles sont maintenues, de distance en distance, par des traverses fixées au moyen de piquets.

On obtient une plus grande stabilité en les recouvrant de perches inclinées à 45° sur l'axe du ravin et entre-croisées à o m. 5o-o m. 8o d'intervalle; elles sont liées les unes aux autres aux points de rencontre, et encastrées dans les berges à leurs extrémités ou fixées à des piquets réunis eux-mêmes par une perche.

La partie inférieure du revêtement est appuyée sur un seuil formé de pièces de bois, de piquets de fortes dimensions ou de blocs.

Quand on dispose de branches de saule ou de peuplier et que la nature du terrain se prête à l'opération, on engage la section rafraîchie de chaque branche dans une petite tranchée ouverte à la pioche et on rejette sur ces branches la terre provenant de la fouille : dans ce cas, on commence le garnissage par la partie supérieure du ravin. Lorsque l'atterrissement est obtenu, l'enracinement se fait et les branches fournissent une végétation abondante.

Dans le cas général, les matériaux provenant du décapage du sol, et entraînés dans les ravins par les eaux pluviales, sont retenus par les tiges et il se forme ainsi un atterrissement continu qu'on consolide en remplaçant le revêtement temporaire de branchages par une armature végétale vivante.

On sème d'abord des plantes fourragères, puis on emploie des boutures et des plants d'espèces ligneuses : saules, peupliers, cytise, cerisier, merisier, robinier, ailante. On utilise aussi de nombreux arbrisseaux : clématite, corroyère, ronces, églantier, hippophaé, coudrier, etc.

On étend ensuite cette première végétation par le marcottage qu'on prolonge sur les berges et par le recepage.

Dans les Alpes-Maritimes, les branchages faisant souvent défaut, on n'a pu avoir recours qu'assez rarement au garnissage.

On a eu alors l'idée de couper les ravins dès leur origine par une série de petits barrages en mottes de gazon fortement tassées, employées seules ou combinées avec des assises de pierres.

Les eaux provenant des pluies d'orage, arrêtées à chaque instant et astreintes à des chutes répétées, ne peuvent acquérir une vitesse suffisante; elles entraînent seulement et accumulent derrière chaque ouvrage les matériaux provenant du décapage du sol.

Ce procédé réussit parfaitement dans les marnes schisteuses où, par suite du délitement de la roche sous l'influence du soleil et des pluies, la couche superficielle se détache en minces feuillets.

Les barrages, rapidement atterris, sont garnis de plants, et on obtient ainsi des ouvrages vivants formant des centres de végétation, surtout lorsqu'on a pris le soin de renforcer les mottes de gazon par des boutures.

A mesure qu'on s'éloigne du sommet des ravins, les barrages prennent de plus grandes dimensions et il devient bientôt nécessaire, pour obtenir des ouvrages plus résistants, d'intercaler des assises de moellons entre les couches des mottes de gazon : on peut, pour cela, employer des pierres gélives, délitables et de mauvaise qualité.

On arrive ainsi à construire des barrages ayant 1 mètre de hauteur et plusieurs mètres de longueur.

Il y a souvent avantage à mélanger les pierres et les mottes de gazon dès le sommet des ravins.

Lorsque le gazon fait défaut, on emploie des assises de petites bourrées de branchages alternant avec les assises de pierres. Les bourrées sont disposées de telle sorte que leur base forme parement; on les entremêle de terre et on y place des boutures comme dans les mottes de gazon.

Quand on dispose de matériaux assez résistants, et en quantité suffisante, on effectue la correction des ravins secs au moyen de petits barrages en pierre sèche de 40 à 60 centimètres de hauteur, solidement fondés. On les atterrit artificiellement, au moins en partie, et on procède sur ces atterrissements à des enherbements suivis de plantations d'aunes et de saules qu'on étend vers l'amont et sur les berges par le marcottage.

Dans la haute montagne, dans certains cas, on a comblé des petits ravins secs avec des pierres, ainsi qu'on le fait lorsqu'il s'agit de petits canaux de drainage. Ce mode de garnissage a donné de bons résultats sur des versants situés à 2,000 mètres d'altitude, dans la vallée supérieure du Verdon.

Les ravins, à leur partie supérieure, sont souvent terminés par des arrachements en forme de combes, qu'il importe de fixer.

On y parvient, selon les circonstances, par l'enherbement ou par l'établissement de banquettes en mottes de gazon ou de petits murs en pierre sèche. Pour empêcher l'arrachement de s'étendre sur l'amont, une précaution nécessaire consiste à construire, à peu de distance de hauteur du sommet, un mur de consolidation de 5o centimètres de hauteur environ, qui épouse la forme du terrain et qui est fondé profondément. Le talus qui surmonte le mur prend une pente adoucie, soit naturellement, soit au moyen d'un écrètement peu dispendieux; on procède ensuite à l'enherbement du sol et on couvre de végétation la surface de l'arrachement.

Les procédés adoptés pour la fixation des berges instables sont très variables.

Quand leur instabilité est bien prononcée il faut en soutenir le pied au moyen d'ouvrages transversaux, qui feront l'objet d'un examen particulier ou avec un mur de soutènement lorsqu'il s'agit d'un talus dominant un chemin.

Pour fixer certaines berges, on peut les recouvrir d'un revêtement superficiel de branchages maintenus au moyen de perches et de piquets suivant le procédé adopté pour les ravins. Sous l'abri de cette couverture, la végétation naturelle ou introduite se développe facilement.

On emploie surtout de petits ouvrages horizontaux, des clayonnages de faible hauteur, 25 à 3o centimètres, ou des fascinages, que l'on renforce par des lignes de boutures et dans l'intervalle desquels on sème des graines fourragères.

Quand les matériaux pierreux sont abondants on construit de petits murs en pierre sèche qu'on protège en aval par des mottes de gazon ou des touffes de bauche : on effectue des plantations en amont.

Enfin on a très souvent recours aux procédés indiqués précédemment pour l'enherbement au chapitre VI § 2. (Planches 76 à 83.)

Barrages. — Retenir les matériaux entraînés, diminuer la vitesse des eaux, supprimer le creusement dans le sens du profil en long, déterminer un élargissement du lit et éloigner le courant du pied des talus, soutenir les berges instables par les atterrissements formés à l'aval, tels sont les principaux effets des barrages.

On construit des ouvrages de cette nature dans les torrents et les ravins en voie de creusement actif, cette activité se manifestant par la fréquence des éboulements de berges.

Il est préférable d'établir une correction homogène, c'est-à-dire composée de barrages de même importance. En procédant de cette manière on peut éviter l'installation d'ouvrages secondaires, de stabilité douteuse, sur les atterrissements de barrages de premier ordre.

Toutefois, l'uniformité complète ne peut pas toujours être maintenue. Il en est ainsi notamment quand un éboulement, parti d'une berge, se prononce sur un versant et qu'il est nécessaire d'épauler par un fort remblai l'extrémité inférieure de cet éboulement. Il en est de même encore quand un torrent présente sur certains points des berges très solides à quelques distance des emplacements qui seraient choisis si on adoptait une répartition absolument régulière des ouvrages ; on construit dans ce cas les barrages dans les sections solides, sauf à en modifier la hauteur.

Certains torrents, bien que creusés dans un terrain assez résistant, charrient de grandes quantités de matériaux provenant d'éboulis ou arrachées à la montagne par les avalanches.

Dans ces cas les barrages ont surtout pour effet utile de former

76. Périmètre du Fier (Haute-Savoie). Série de Thônes. — Murs d'avalanche.

77. Périmètre du Fier (Haute-Savoie). Série de Thônes. — Banquettes d'avalanche.

78. Périmètre du Verdon-Supérieur (Basses-Alpes). Série de Lambruisse.
Garnissage d'un ravin.

79. Périmètre de l'Ubaye (Basses-Alpes). Série de Faucon. - Garnissages de petits ravins secs.

80. Périmètre du Verdon Supérieur (Basses-Alpes). Série de Moustiers. — Résultat du garnissage après 5 ans.

81. Périmètre du Bastan (Hautes-Pyrénées). Série de Betpouey.
Rigoles pavées dans une berge.

82. Périmètre de l'Ubaye (Basses-Alpes). Série de Barcelonnette. — Berge de terre noire. Plantation d'éclats de bauche, de pins noirs et de pruniers de Briançon.

83. Périmètre du Bastan (Hautes-Pyrénées). Série de Betpouey.
Fixation d'une berge avec des murs de retenue.

par leurs atterrissements des places de dépôt temporaires. La disposition du terrain est telle parfois qu'il est possible, au moyen d'un ouvrage convenablement placé, d'obtenir un vaste emplacement où les matériaux s'amoncellent au moment des crues et sont ensuite déblayés peu à peu par les pluies ordinaires.

Le plus souvent, les torrents présentent un double caractère; leurs berges s'éboulent et ils charrient des matériaux entraînés dans leur lit.

Dans certains cas, le lit s'élargit vers la partie inférieure et il peut être creusé au centre sans inconvénient. On arrive à ce résultat en construisant des seuils, c'est-à-dire des barrages enfouis. Ils sont disposés de telle sorte que le couronnement d'un ouvrage soit au niveau de la base de l'ouvrage supérieur. Le lit est déblayé par les eaux entre les seuils successifs, mais de temps à autre les crues accumulent sur les parties creusées des blocs qu'on rejette sur les berges immédiatement en amont de chaque seuil. On obtient ainsi, sans abaisser le niveau de l'origine du torrent, une canalisation où l'écoulement se fait régulièrement.

La hauteur des barrages se détermine d'après l'examen des profils en travers.

Elle doit être telle qu'une fois le remblai effectué les berges présentent, ou puissent prendre à bref délai, le talus naturel correspondant à la nature des terres dont elles sont formées: il s'agit, bien entendu, d'une valeur moyenne.

On construit rarement dans les torrents des barrages de correction ayant moins de 2 mètres de hauteur, mesure prise sur le parement amont.

Des ouvrages de 1 mètre de hauteur, qui ne créent que de faibles chutes et sont nécessairement très rapprochés, sont insuffisants pour atténuer la vitesse du courant, même pendant des crues ordinaires: ils ne sont, en quelque sorte, que l'équivalent d'un pavage discontinu. On ne dépasse guère la hauteur de 5 mètres, qui peut être considérée comme un maximum.

La distance des ouvrages se règle souvent d'après le profil en long et la valeur de la pente d'atterrissement stable, pente qui dépend de la nature des matériaux charriés.

Quand on a besoin d'obtenir une sécurité à peu près complète, on dispose les ouvrages de telle sorte que la base des fondations d'un barrage soit située dans un plan horizontal passant par le plafond de la cuvette du barrage inférieur.

Dans le premier cas, la distance de deux barrages consécutifs est donnée par $d = \dfrac{h}{P-p}$ et dans le deuxième cas la même distance d_1 a pour expression $d_1 = \dfrac{h'+h}{P}$, h étant la hauteur des ouvrages, h' la hauteur des fondations, P la pente du lit et p la pente d'atterrissement.

Si $h' = h$ il est facile de voir que, pour $p < \dfrac{P}{2}$, $p = \dfrac{P}{2}$ et $p > \dfrac{P}{2}$, on a $d < d_1 \quad d = d_1 \quad$ ou $d > d_1$.

A moins de motifs spéciaux, on adopte la disposition correspondant à la plus grande distance.

On peut tracer une directrice, c'est-à-dire une ligne passant par le couronnement des ouvrages consécutifs; cette directrice ne doit pas être une ligne droite, le profil en long présentant la forme d'une courbe concave se rapprochant plus ou moins d'une hyperbole.

Dans le cas où un barrage est destiné à soutenir un éboulement prolongé, sa hauteur se détermine en tenant compte de la hauteur de la berge en mouvement.

Lorsqu'il s'agit d'un barrage de retenue, la hauteur doit être telle que l'on puisse obtenir un atterrissement étendu.

Enfin, pour la correction des ramifications supérieures des torrents, on construit des barrages de faible hauteur, 1 à 2 mètres, pour fixer le profil en long et, en même temps, soutenir les berges. On ne doit pas omettre d'établir un de ces ouvrages vers l'extrémité des ravins afin d'empêcher le creusement de s'étendre vers l'amont; on donne à ce barrage une très faible hauteur mais on le fonde profondément.

L'épaisseur des barrages au couronnement ne descend pas au-dessus de 0 m. 80 et la hauteur, mesurée au parement amont, dépasse rarement 5 mètres. Les fondations ont au moins 2 mètres de profondeur.

On donne aux ouvrages la forme courbe en plan quand les ailes peuvent être encastrées dans un terrain solide et que, par suite, les barrages n'ont à résister qu'aux pressions venant de l'amont. Les matériaux charriés s'accumulent dans les angles aigus formés par les ailes, avec les berges et rejettent le courant vers le milieu du lit. Dans les autres cas, sauf l'exception ci-après, la forme rectiligne est préférable.

Quand un barrage en maçonnerie doit avoir une grande longueur, il est préférable de lui donner une forme courbe en plan. Les ouvrages en montagne étant construits pendant les fortes chaleurs, il en résulte que l'abaissement de la température en hiver donne lieu à des contractions [1]. On peut admettre pour le coefficient moyen de dilatation la valeur de 0,00001, de sorte que, pour un barrage rectiligne, de 50 mètres de longueur et une différence de température de 40°, la contraction est de $0,00001 \times 40 \times 50 = 0$ m. 02. Il se produit donc des fissures par lesquelles l'eau peut pénétrer dans le corps de l'ouvrage et délayer les mortiers, ou bien se congeler et disloquer la maçonnerie. A cause de la grande longueur on peut adopter une faible courbure, la flèche égale au quinzième de la corde par exemple, afin d'éviter la pénétration trop oblique des ailes dans les berges.

Pour les barrages curvilignes de dimensions ordinaires, la courbure est déterminée le plus souvent par cette condition que la flèche soit égale au dixième de la corde. Par suite, le rayon, la flèche et la corde sont liés par la relation :

$$R = 13 f = 1, 3 c.$$

Quant à l'arc, il est donné par $0,78961 R = 10,264 f = 1,0264 c.$

[1] Paul Lévy Salvador, *Hydraulique agricole.* Paris, 1896-1898.

socle vers l'aval de manière à en rapprocher le centre du point de passage de la résultante des forces.

En Savoie, on construit depuis quelques années des barrages avec de très gros blocs, dont le volume atteint jusqu'à 3 mètres cubes : ces ouvrages ne subissent aucun dommage par le fait des chutes de blocs sur leur couronnement, ils résistent au passage des crues violentes et n'exigent aucun entretien.

On a recours à la maçonnerie de chaux hydraulique quand les pierres dont on dispose sont de petites dimensions, quand la hauteur des ouvrages dépasse 4 mètres, enfin quand il se produit des poussées dans le sens du profil en travers.

Quand on emploie la maçonnerie il faut ménager dans le corps des barrages un pertuis à la partie inférieure et des barbacanes. Cette précaution est nécessaire pour faire écouler l'eau et assécher l'atterrissement qui présente alors une consistance suffisante pour se maintenir sous d'assez fortes pentes : de plus, la pression sur le parement amont est réduite à la poussée des terres.

Lorsque les berges sont rocheuses, il est avantageux de construire les barrages sur voûtes. On adopte la voûte en arc de cercle, la flèche variant du 1/3 au 1/6 de la corde.

Lorsqu'une seule berge est solide, on peut, sur la rive opposée, appuyer la voûte sur un fort massif de maçonnerie profondément encastré.

Ce système permet de construire des barrages d'une grande hauteur, sans que le creusement du lit en aval puisse en compromettre la solidité.

Blocages et enrochements. — On établit habituellement un blocage en amont de chaque barrage. Il présente une épaisseur de o m. 70 à 1 m. 50 au niveau de la cuvette et un talus avec inclinaison de 1/1 ; on le construit avec les pierres qui ne trouvent pas d'emploi dans la maçonnerie du barrage.

Ces blocages ont pour effet de diminuer la hauteur de l'amont et d'incliner sur l'horizontale la pression due à l'eau avant la formation de l'atterrissement.

Le pied des ouvrages, qui ne sont pas fondés sur la roche, est protégé par un enrochement en forme de radier qui déborde de 1 mètre dans les terres de chaque côté du plafond de la cuvette. Les pierres qui le constituent sont disposées de telle sorte que la pente dans le sens du profil en long soit un peu plus forte que celle du lit du torrent; elles ont au moins o m. 80 de queue et sont placées de champ, les joints ayant été dressés préalablement. Les pierres les plus longues sont réservées pour la rangée inférieure.

Le pied des radiers est souvent soutenu par des pieux de mélèze.

La longueur d'un radier doit être suffisante pour que l'eau et les blocs passant par la cuvette ne tombent pas au delà de l'extrémité inférieure; on adopte dans ce but une longueur au moins égale au double de la hauteur de chute du barrage; pour les ouvrages de dimensions ordinaires cette longueur est de 10 mètres. On donne, en général, à la section une forme curviligne, la flèche étant égale au plus au 1/10 de la corde.

Lorsqu'on manque de pierres de dimensions suffisantes, on peut employer des blocs artificiels ou utiliser les matériaux dont on dispose. Dans ce dernier cas, en prévision du creusement du lit au pied du barrage, on place les moellons de la première assise de la construction de manière à former une voûte surbaissée destinée à soutenir le massif assez longtemps pour permettre de le réparer et de reconstruire l'enrochement.

Une bonne solution consiste encore à remplir de blocs de dimensions moyennes les compartiments d'un grillage en bois de mélèze.

On peut aussi employer le béton pour relier les blocs.

Quand la hauteur des barrages dépasse 4 mètres environ, on renforce le radier par un contre-barrage construit à son extrémité inférieure. La hauteur de cet ouvrage au-dessus du lit est la plus faible possible, l'épaisseur au couronnement est de 1 mètre, la cuvette présente la même forme que celle du barrage, mais la pente des ailes est réduite à 15 p. 100 environ. Ce contre-barrage est protégé lui-même par un enrochement formé de blocs de fortes dimensions. Il est préférable, dans tous les cas, de construire le couronnement en maçonnerie de ciment.

Épis. — Les épis, qui sont comparables à des éléments de barrages, sont construits en vue de protéger une berge.

Quand les talus sont suffisamment solides, les épis sont inclinés vers l'amont de 20 à 30 p. 100 sur la normale à l'axe du courant; dans le cas de terres friables ils sont construits normalement aux berges. Le couronnement est incliné vers le milieu du lit suivant un angle de 10 à 30°. Le parement d'amont est vertical et celui d'aval a un fruit de 1/5. On termine souvent l'ouvrage par une surface courbe qui pénètre dans le sol et se relie à une surface plane inclinée qui limite les fondations de l'extrémité. Les fondations sont établies assez profondément pour qu'elles reposent sur un sol résistant et que la maçonnerie ne risque pas d'être mise à découvert à la suite d'une forte crue : la profondeur est d'environ 2 mètres pour des ouvrages de moyenne importance.

Les épis doivent être enfoncés profondément dans les berges; il y a avantage à relever l'extrémité de l'aile encastrée, suivant la pente du talus.

L'épaisseur est déterminée d'après la plus grande hauteur de l'épi au-dessus du lit.

On peut employer la pierre sèche, quand on dispose de gros blocs, ou la maçonnerie, ou la pierre sèche avec couronnement et musoir en maçonnerie.

On protège le musoir au moyen d'un enrochement qu'on prolonge sur le tiers environ de la longueur du parement aval.

Lorsque la rive à protéger est de faible longueur, on peut adopter un mode très simple de construction. Dans une fouille de 1 m. 50 à

84. Périmètre du Var-Moyen (Alpes-Maritimes). Série de Puget-Rostang.
Petits barrages en bois et en pierre sèche.

85. Périmètre du Bastan (Hautes-Pyrénées). Série de Betpouey. — Barrage en pierre sèche.

86. Périmètre de l'Arc Supérieur (Savoie). Série de Saint-Julien. — Barrages en gros blocs.

87. Périmètre du Gave de Pau (Hautes-Pyrénées). Série de Cauterets.
Barrage en maçonnerie.

88. Périmètre de la Haute-Isère (Savoie). Série de Bourg-Saint-Maurice. - Barrages sur voûtes.

89. Périmètre de l'Ubaye (Basses-Alpes). Série de Faucon.
Ravin de Rata après correction et reboisement.

90. Périmètre de la Pique (Haute-Garonne). Série de Bagnières-de-Luchon. — Perré et épis sur le cône du Laou-d'Esbas.

91. Périmètre du Drac-Inférieur (Isère). Série de Saint-Paul-de-Varces. — Clayonnages.

92. Périmètre du Var Supérieur (Alpes-Maritimes). Série d'Entraunes. — Seuils en pierre sèche avec fascines.

93. Périmètre de la Basse-Isère (Isère). Série de Biviers. — Façonnage de lit.

2 mètres de profondeur on dispose de gros blocs solidement appuyés les uns contre les autres; au besoin on dresse les joints à la pointe. La tête est profondément encastrée dans la berge et le musoir est enfoui dans le fond du lit.

Enfin, dans le cas où les gros matériaux sont peu abondants et où la maçonnerie ne semble pas nécessaire, on forme les parements des épis avec des pieux de mélèze séparés de o m. 20 et enfoncés profondément, et on remplit de pierres l'intervalle compris entre les deux rangées de pieux.

Il arrive quelquefois qu'un très gros bloc, profondément enfoui dans le lit d'un torrent et émergeant seulement par sa surface supérieure, se trouve en avant et en amont d'une berge peu stable de laquelle il y a intérêt à éloigner le courant. On utilise alors ce roc comme musoir et on le relie à la berge par un massif en forme d'épi plongeant. (Planches 84 à 93.)

Fascinages et clayonnages. — Les clayonnages ne diffèrent des fascinages qu'en ce que les branchages sont tressés sur des piquets au lieu d'être réunis en fascines. On en protège assez souvent le pied au moyen d'un enrochement sommaire.

Ils étaient très employés autrefois dans la plupart des ravins, mais ils sont le plus souvent remplacés aujourd'hui par des ouvrages transversaux en pierre sèche ou par des garnissages, selon les circonstances.

On continue toutefois à les utiliser, pour le traitement des ravins et des combes, dans la partie septentrionale de la région des Alpes, lorsque les pierres sont en petite quantité.

Dans la partie méridionale des Alpes et dans les Pyrénées on emploie surtout ces sortes d'ouvrages pour consolider des berges instables ou des éboulements superficiels.

On peut rattacher aux clayonnages les barrages en bois formés de pièces transversales encastrées dans les berges et maintenues à l'aval, s'il y a lieu, par des pieux solidement enfoncés dans le sol,

Quelques séries de restauration du département de la Savoie renferment des ouvrages de ce genre; on en trouve aussi dans les Alpes-Maritimes.

Perrés. — Les perrés en pierre sèche peuvent être employés pour fixer, sur de faibles longueurs, le lit des ravins, dans les cas où il est utile d'évacuer très rapidement les matériaux charriés par le courant. Dans le torrent de la Bérarde (Basses-Alpes), on avait établi, tous les 10 mètres environ, des ressauts formant saillie afin de diminuer la pente et de renforcer le perré. Le pied des perrés est soutenu par un seuil fondé profondément.

Défense de rives. — La défense des rives dans les périmètres de restauration est obtenue d'une manière générale par la construction d'ouvrages transversaux ou, dans certains cas, d'épis. Il est de plus nécessaire, entre deux barrages consécutifs, d'empêcher les eaux de ronger le pied des berges.

Dans les torrents, abstraction faite des laves, le courant traîne les graviers et les blocs sur le fond et au milieu du lit, de sorte que, vers la fin d'une forte crue, des dépôts de matériaux se font sur la partie centrale des atterrissements. Ces dépôts sont remaniés par les eaux des pluies ordinaires qui entraînent les éléments les moins denses et les moins volumineux, mais les plus gros blocs restent sur place et maintiennent une partie des boues et des graviers dans lesquels ils sont enchâssés.

Pour empêcher le courant de ronger les rives, on a recours à un façonnage de lit.

Les blocs les plus volumineux sont placés au pied des berges où ils sont enfouis sur les 3/5 environ de leur plus grande dimension; derrière les rangées ainsi formées on jette les terres et les menus matériaux et on obtient ainsi un talus en pente douce où on peut introduire la végétation.

Dans quelques cas particuliers, à la jonction d'un ravin et d'un torrent par exemple, on peut être amené à construire, sur une petite longueur, une digue longitudinale dont on protège le pied soit par des épis, soit par un enrochement, soit par la construction d'un chenal maçonné. Ces digues sont construites en maçonnerie ou en terre, mais dans ce dernier cas le talus qui fait face au torrent est revêtu d'un perré en maçonnerie, de o m. 40 au moins d'épaisseur, dont les fondations descendent à o m. 50 au-dessous du fond du lit : la solidité de l'ouvrage est assurée au moyen d'un barrage construit à l'aval.

Combes; mode de correction. — Les éboulements se confondent avec les combes proprement dites, en ce qui concerne les travaux de correction à exécuter.

Dans la région des Alpes, on emploie souvent les garnissages pour maintenir les berges des combes peu étendues, mais ce procédé est insuffisant pour les larges déchirures.

La correction comprend en premier lieu la construction d'un ouvrage destiné à soutenir le pied de la combe.

Dans le cas d'une combe rongée à la base par un torrent, un barrage, ou un épi, construit à l'aval suffit pour en fixer le pied.

Quand une combe présente de grandes dimensions et que sa base n'est pas attaquée par les eaux, l'ouvrage de soutien consiste en un barrage établi au-dessous du point de jonction des petits ravins qui sillonnnent la surface de l'échancrure.

S'il se produit des infiltrations d'eau provenant de la partie supérieure du versant, on effectue un drainage ou on recueille les eaux dans des rigoles pavées, puis on construit à quelques mètres au-dessous du sommet un mur de tête peu élevé, mais profondément fondé, en arrière duquel on écrète la berge. Si cela est nécessaire on construit un ou plusieurs murs transversaux entre le pied et le sommet de la combe, puis on procède à l'enherbement et à la plantation de la superficie. Telle est la marche des travaux dans les Pyrénées.

Il y a lieu de mentionner les travaux de fixation des combes de Péguère (Hautes-Pyrénées) et de la Bole (Pyrénées-Orientales).

Le pic de Péguère atteint l'altitude de 2,300 mètres. A 2,020 mètres commence une combe dont la longueur est de 250 mètres, avec une largeur comprise entre 20 et 80 mètres et une pente moyenne de 98 p. 100.

Son extrémité inférieure se rétrécit à l'altitude de 1,780 mètres et les parois latérales sont verticales en ce point.

A la suite se trouve un vaste couloir à fond rocheux de 370 mètres de longueur, avec un maximum de largeur de 150 mètres et une pente de 72 p. 100. Il débouche, à l'altitude de 1,050 mètres au sommet d'une falaise presque verticale de 290 mètres, contre laquelle est adossé un vaste cône d'éboulis, entouré à la base par des établissements thermaux et par la route qui les relie à la ville de Cauterets.

La combe est creusée dans un amoncellement de blocs granitiques noyés dans l'arène provenant de la désagrégation du granite. Quand ces blocs étaient déchaussés par les eaux pluviales, ils se détachaient du sol, puis glissaient sur la pente de la combe, en arrachant des quartiers de roche aux berges et entraînant avec eux des pierres de toutes dimensions.

Ils parcouraient le couloir en quelques bonds dont l'amplitude dépassait parfois 60 mètres et se précipitaient du haut de la falaise sur le cône de débris.

Ils se brisaient dans la chute et les débris retombaient assez souvent sur les établissements thermaux.

Après avoir construit un chemin d'accès, on a commencé l'exécution des travaux ayant pour but de maintenir les sables dont le départ produisait le déchaussement et provoquait la chute des blocs.

Ces travaux ont consisté à soustraire le sol à l'action des agents atmosphériques en le recouvrant de plaques de gazon, après avoir fait glisser les blocs dont la stabilité ne paraissait pas suffisante.

On a consolidé en outre le sol au pied des gros blocs laissés en place, et ces blocs eux-mêmes, au moyen de murs de revêtement en maçonnerie ou de perrés, ou encore en combinant les deux natures d'ouvrages.

La combe de la Bole (Pyrénées-Orientales) s'est formée au printemps de l'année 1889 sur une longueur de 150 mètres, avec une largeur de 130 mètres et une pente de 85 p. 100. La couche de terre végétale reposant sur un mélange de sable granitique et de blocs de pegmatite a glissé et a obstrué momentanément le cours de la Tet, rivière qui occupe le fond de la vallée.

En 1892, on a construit à la base de l'éboulement un mur de soutènement en maçonnerie de mortier de chaux hydraulique sur une longueur de 77 mètres, avec 4 mètres de hauteur moyenne et de 2 mètres d'épaisseur moyenne.

Les blocs continuant à se détacher, on a été amené à construire en 1894 un mur de tête de 97 mètres de longueur pour empêcher l'éboulement de s'étendre vers l'amont et un mur transversal de 229 mètres de longueur.

Le sol, fixé par ces travaux, s'est gazonné naturellement, et il commence à se reboiser à la suite de semis de bouleaux, de frênes et de pins.

A l'Est de cette combe se trouve une autre déchirure de 160 mètres de longueur et 40 mètres de largeur. En 1896 et 1898 on a construit quatre murs de consolidation en pierre sèche et on a fixé la partie supérieure, formée de deux branches, en établissant dans chaque branche un mur de tête et un mur transversal. Le sol n'a pas tardé à se gazonner et à se reboiser comme celui de la combe principale.

Enfin un autre éboulement, voisin des précédents, a été traité suivant le même procédé et avec le même succès en 1899.

On peut assimiler aux combes les versants en éboulement qu'on rencontre souvent dans l'Ardèche, la Lozère, les Pyrénées-Orientales et les Alpes-Maritimes, sur les versants granitiques ou schisteux et dans les marnes gypseuses.

On consolide ces versants au moyen de murs en pierre sèche dont la hauteur totale varie de 1 mètre à 2 m. 50 et l'épaisseur au couronnement de 0 m. 50 à 0 m. 60 ; le parement amont est vertical et le parement aval présente un fruit de 1/5.

La combe de Marignier (Haute-Savoie) est sillonnée par un grand nombre de petits ravins formant par leur réunion deux branches principales qui se réunissent à 75 mètres environ au-dessus de la base.

La déchirure a une longueur de 120 mètres au sommet, puis elle se rétrécit jusqu'à n'avoir plus que 30 mètres et se termine par un petit delta de 75 mètres de base s'appuyant sur une route, bordée de l'autre côté par la rivière du Giffre. La pente est de 27 p. 100 de la route au point de jonction des deux ravins principaux ; elle est de 43 p. 100 de cette jonction à 50 mètres plus haut, enfin de 72 p. 100 de ce dernier point au sommet.

Pour retenir les matériaux, arrêter le creusement et diminuer la vitesse des eaux, on a construit un grand barrage au-dessous du confluent des deux ravins principaux et cinq barrages dans le ravin de gauche. Le premier, dont la hauteur totale est de 6 mètres, est protégé à l'aval par un radier retenu par des pieux ; les autres n'ont que 2 m. 60 de hauteur totale. Tous ces ouvrages sont en pierre sèche.

Après l'atterrissement des barrages on a continué la correction avec des clayonnages, puis on a commencé à enherber et à planter. La fixation est complète aujourd'hui et la végétation forestière a pris possession du terrain ; les travaux de correction ont été terminés en 1898.

Dérivation d'un torrent. — Quand un torrent ronge une rive friable, l'autre rive étant rocheuse, ou lorsque après avoir traversé des terrains relativement stables, il pénètre dans des dépôts meubles qu'il creuse profondément, on peut empêcher ces dégradations en déviant le lit en amont des berges à consolider.

Dans certaines circonstances on est amené à remplacer la dérivation à ciel ouvert par un canal souterrain.

« Il y a dans les Basses-Alpes un exemple de dérivation qui a été couronné par le succès le plus complet. Le bourg des Mées était menacé par un torrent. On parvint, en perçant une galerie souterraine à travers une montagne, à le jeter dans la Durance. Cet ouvrage, exécuté vers la fin du xviiie siècle, est fort remarquable. Ici, on présentait au torrent une course plus directe et une pente plus forte que celles qui lui étaient offertes par son lit naturel [1] ».

Il y a lieu, toutefois, d'ajouter que le débouché étant devenu insuffisant, une crue du torrent a envahi la ville des Mées en 1875 de sorte qu'il a été nécessaire d'entreprendre des travaux de restauration.

D'après les indications de Surrell, on doit éviter, dans les travaux de ce genre, les défauts suivants : présence d'un coude brusque au point de départ de la dérivation, rupture de pente au même point, pente trop faible.

Après le canal des Mées, le plus ancien ouvrage de dérivation est celui qui a été construit pour jeter le cours supérieur du ravin de l'Église (Basses-Alpes) dans le ravin des Aiguettes.

Les deux ravins nes ont séparés que par une distance de 20 mètres, en un point où le premier change brusquement de direction. On n'a eu par suite qu'a construire un canal maçonné dans le prolongement de la partie supérieure du ravin de l'Église pour amener les eaux dans une petite combe du ravin des Aiguettes.

Le canal a 55 mètres de longueur, 3 m. 50 de largeur au plafond, 4 m. 50 d'ouverture et 1 m. 65 de profondeur. La combe

---

[1] A. SURRELL, Les torrents des Hautes-Alpes, Paris, 1841.

dans laquelle se déversent les eaux a été fixée sur une longueur
de 250 mètres avec une série de barrages en pierre sèche.

Un travail de même nature que celui des Mées, mais plus im-
portant, a été exécuté récemment en Savoie. Dans la partie inférieure de son cours, le torrent de Saint-Julien attaquait sur la rive
droite un versant sans consistance et contournait sur la rive gauche
un éperon de schiste ardoisier. On a dérivé les eaux, au moyen
d'un barrage dans un canal souterrain ouvert dans la roche. Le
débit possible de ce canal est de 1,140 mètres cubes, débit supérieur au maximum constaté pendant les crues.

Dans le département des Hautes-Alpes le torrent de Chagne a
été jeté dans un canal souterrain de 250 mètres, ouvert sensiblement dans les mêmes conditions que celui du torrent de Saint-
Julien.

Enfin, un canal souterrain de 1,000 mètres de longueur a été
construit récemment en Savoie pour éloigner le torrent Morel du
vaste éboulement de Doucy.

La description de ces ouvrages se trouvera dans la deuxième
partie du compte rendu.

Il y a lieu de rattacher aux dérivations de torrent les petites cou-
pures qu'on pratique dans les roches formant saillie sur une rive
et rejetant les eaux sur la berge opposée.

Quand les saillies ont une faible longueur, on les fait disparaître entièrement pour redresser le lit.

Canalisation d'un torrent. — Lorsque la correction d'un
torrent est suffisamment avancée, il y a intérêt à établir sur le
delta un canal destiné à conduire directement les eaux dans le
thalweg.

Les deltas sont généralement occupés par des villages et par les
meilleures cultures des vallées, ou bien ils sont franchis, soit à la
surface, soit à l'intérieur au moyen de tunnels, par des routes ou par
des chemins de fer.

Pendant la période d'activité des torrents, les riverains construisent des digues de protection et pratiquent des curages de lit qui ne sont pas, d'ailleurs, sans inconvénients; ils établissent quelquefois des places de dépôt dans lesquelles les matériaux charriés par les eaux sont emmagasinés et qu'il faut curer périodiquement quand on ne dispose pas d'emplacements permettant d'installer un nouvel ouvrage lorsque le premier est rempli.

Quelquefois même on construit un radier de glissement pour conduire le plus rapidement possible les matériaux au cours d'eau qui occupe le fond de la vallée.

Lorsque, par suite des travaux de restauration, les transports de matériaux sont réduits, il faut parer à un autre danger résultant de ce que les eaux ont alors une tendance à remanier les dépôts. C'est à ce moment qu'il y a intérêt à intervenir par des travaux spéciaux, le régime du torrent étant devenu à peu près stable.

Pour empêcher le remaniement des dépôts par les crues, il suffit souvent de construire quelques seuils ou barrages, plus ou moins profonds ou saillants selon la nature des berges et la pente du terrain, afin de maintenir un lit d'écoulement présentant une section suffisante.

Dans certains cas, par exemple lorsque le delta est occupé par un village ou qu'il est bordé par une route fréquentée, il est utile d'exécuter des travaux plus importants et d'établir une canalisation.

Cette canalisation, qui a pour effet de fixer le lit et d'en empêcher le creusement, présente l'avantage d'assurer le maintien des ouvrages supérieurs de correction.

On a construit un ouvrage de cette nature sur le delta du Riou-Bourdoux (Basses-Alpes) pour empêcher la divagation du torrent. Le lit normal a été installé sur l'arène culminante du cône et dans le prolongement de la gorge, il a été fixé au moyen de 37 seuils de maçonnerie ayant 2 mètres de hauteur totale, 1 m. 20 de hauteur de chute et 1 mètre d'épaisseur au couronnement.

La section suivant le profil long est un trapèze rectangle, le fruit du parement aval étant de 1/5. Uue cuvette creuse, de 5 mètres de corde pour o m. 25 de flèche, se prolonge par deux rampants inclinés à 2 mètres de la base pour 1 mètre de hauteur, jusqu'à 3 m. 50 de hauteur totale.

Dans la partie inférieure, sur 100 mètres de longueur, on a établi un radier en maçonnerie et des murs de revêtement en pierre sèche à inclinaison de 45 degrés. Pour les 6 derniers seuils la cuvette a 7 mètres de corde pour o m. 30 de flèche, et les rampants se relèvent à 45 degrés jusqu'à 3 m. 50 de hauteur.

Un barrage construit à la partie supérieure dirige les eaux dans le canal.

Par suite de la disposition adoptée, l'abaissement du lit n'a pas de répercussion sur la partie du torrent située en amont, les seuils et le barrage s'opposant à tout creusement venant de l'aval.

Le canal établi sur le delta du torrent de Saint-Julien (Savoie) est constitué par un chenal avec une série de seuils en maçonnerie placés à 21 m. 50 de distance sur la partie supérieure où la pente est de 0,087 et à 25 m. 70 dans la partie inférieure où la pente est de 0,077 seulement. Chaque ouvrage a une cuvette en forme de trapèze de 11 mètres d'ouverture, de 5 mètres de largeur au fond et de 3 mètres de profondeur, correspondant à un débouché de 24 mètres carrés. La hauteur totale sur l'axe est de 2 m. 50 et la hauteur de la chute de 1 m. 20.

Les seuils, an nombre de 48, sont protégés par un radier en maçonnerie.

Les berges du chenal sont revêtues de perrés en pierre sèche s'élevant à 2 mètres au-dessus du lit et fondés à 1 mètre en contre-bas.

Les déblais ont été jetés en cavalier des deux côtés, à 1 m. 20 des bords. Le remblai de la rive droite a 6 mètres de largeur et des talus réglés à 1/1 ; il forme un chemin latéral donnant accès à la route qui suit le fond de la vallée.

Au passage des ponts du chemin de Saint-Julien et de la route nationale, on a établi des radiers de glissement en maçonnerie ayant l'un 42 mètres et l'autre 75 mètres de longueur. Ces radiers ont été prolongés sur chaque talus jusqu'à une hauteur de 3 mètres au-dessus du lit. Un seuil a été construit au milieu du radier inférieur, pour éviter qu'un creusement accidentel ne vienne compromettre la solidité de l'ouvrage.

Pour forcer les eaux à se diriger dans le canal et pour maintenir le profil en long, un barrage a été établi à la partie supérieure en travers de la gorge; de chaque côté de la cuvette et en amont, deux murs en aile en pierre sèche, continués par des perrés, s'écartent de l'axe du torrent sous un angle de 50 degrés et s'étendent jusqu'à la rencontre des berges.

Travaux de correction dans les torrents glaciaires. — Les torrents glaciaires peuvent être accidentels ou se rattacher aux torrents ordinaires. Dans la Haute-Savoie, le torrent de la Griaz appartient à la deuxième catégorie et celui de la Tête-Rousse à la première.

Le torrent de la Griaz prend son origine dans le glacier du même nom. La partie supérieure du bassin étant occupée par la glace, les seuls travaux de restauration qu'il soit possible d'exécuter consistent dans la construction de barrages pour retenir les matériaux et combattre le creusement du lit.

Ce torrent présente une particularité à signaler. Son affluent de gauche, le ravin des Arandellys, est encombré de matériaux provenant du dérochoir des Rognes, constitué par un glacier mort recouvert d'une épaisse couche de débris morainiques qui se détachent sous l'action du soleil. L'activité du dérochoir, très intense il y a quelques années, semble actuellement ralentie.

Le petit glacier de Tête Rousse est suspendu entre les deux glaciers voisins, de la Griaz d'un côté et de Bionnasset de l'autre, et se trouve séparé de ce dernier par une arête rocheuse.

Les eaux de ruissellement et de fusion s'y accumulent dans de vastes cavités qui les laissent écouler lorsque, par suite du mouvement descendant de la glace, elles sont parvenues à la partie inférieure du glacier.

C'est ainsi que s'est produite la brusque irruption des eaux qui ont dévasté en 1892 la partie inférieure de la vallée du Bonnant : le front du glacier a cédé sous l'action de la pression en formant un orifice de 38 mètres de largeur sur 20 mètres de hauteur.

A la suite de cette catastrophe les agents des Eaux et Forêts ont procédé chaque année à la visite du glacier.

En 1897, on a remarqué que l'orifice de sortie des eaux était obstrué en grande partie par la neige et que sa distance à la paroi supérieure se trouvait réduite à 8 mètres environ. On a été, par suite, amené à redouter la rupture de la nouvelle paroi et, pour éviter tout accident, on a pris le parti de faire écouler les eaux, qui pouvaient être accumulées dans le glacier, en ouvrant une galerie souterraine à travers l'arête rocheuse.

Les travaux ont été terminés en 1900; 352 mètres de galerie ont été ouverts, dont 64 dans le roc et 288 dans la glace. Le débit total a varié de 400 litres pendant le jour à 200 litres pendant la nuit.

Tout semblait terminé lorsque, dans le cours de l'année 1901, une crevasse, de grande dimension, a attiré l'attention des agents. Une exploration minutieuse, accompagnée de sondages, ayant permis de reconnaître que cette crevasse renfermait au minimum 8,000 mètres cubes d'eau, on a dû envisager la possibilité d'un nouvel accident, on s'est décidé par suite à ouvrir un canal souterrain pour évacuer les eaux de cette crevasse inquiétante.

Les travaux commencés en 1902 ont été terminés avec succès le 28 juillet 1904.

La galerie a été creusée sans difficulté dans le roc. Lorsque les ouvriers ont pénétré dans la glace, on a dû se préoccuper de prévenir tout accident ; dans ce but, un trou de sonde était ouvert, à intervalles de 8 heures, jusqu'à 5 ou 6 mètres en avant du front de taille, au moyen de barres de fer rougies au feu.

L'eau écoulée, dont on a évalué le volume à 20,000 mètres cubes environ, s'est perdue rapidement dans les nombreuses et profondes crevasses du glacier de Bionnasset et, pour ce motif, n'a causé qu'une crue insensible dans le ruisseau de Bonnant.

La longueur de la galerie ouverte est de 257 m. 45, savoir : 207 m. 20 dans le roc et 50 m. 25 dans la glace.

La durée relativement longue des travaux est la conséquence de la grande altitude (3,200 mètres) à laquelle ils ont été exécutés, le chantier ne pouvait être occupé que pendant trois mois chaque année et les ouvriers étaient incapables de fournir autant de travail que dans les régions inférieures.

Travaux divers. — La restauration du périmètre comporte, outre le reboisement et la correction, l'exécution d'un certain nombre de travaux accessoires : construction de maisons forestières et de baraques de campement, ouverture de chemins, souvent avec murs de soutènement, établissement de clôtures, etc.

Ces travaux, de même nature que ceux qui sont effectués dans les forêts domaniales, ne présentent pas de difficultés spéciales.

Observations relatives aux travaux de correction. — Il y a lieu de tenir compte, en ce qui concerne les travaux de correction, des circonstances suivantes : période météorologique, nature du terrain, exposition, orientation par rapport aux pluies, étendue des terrains à reboiser, grandeur des intérêts à protéger.

Pendant la durée d'une période chaude et sèche, le creusement du lit d'un torrent est souvent peu prononcé. L'énergie mécanique développée par les eaux se dépense surtout dans les chutes, les tourbillons et le choc des blocs charriés. Elle se mue ainsi en chaleur, de sorte que, suivant l'expression de M. P. Morin, un torrent est un dégradateur d'énergie.

Mais les choses se passent autrement pendant une période froide et humide ; les terres, détrempées par des précipitations atmosphériques fréquentes, se désagrègent au moment des fortes crues provoquées par les pluies d'orages, le lit du torrent se creuse et les berges s'éboulent sous les actions combinées de l'affouillement et de l'érosion.

Il ne faut donc pas se hâter de conclure à l'innocuité d'un torrent parce que son activité ne s'est pas manifestée pendant la durée d'une sous-période sèche, durée qui serait de 15 à 17 ans d'après M. Brückner [1]. Cette accalmie, toutefois, peut être mise à profit pour hâter l'exécution des travaux de reboisement afin d'améliorer le régime des eaux.

On peut ne pas admettre la période de M. Brückner, divisée en deux sous-périodes d'égale durée, l'une chaude et sèche et l'autre froide et humide, mais on doit cependant reconnaître que les années de saisons normales et les années d'intempéries se succèdent en général par séries, de sorte que l'observation précédente conserve sa valeur.

La nature géologique du terrain est à considérer : quand les dépôts glaciaires ou fluvio-glaciaires, les terres noires, les schistes du flysch, les éboulis, etc., sont abondants, la dégradation du lit est toujours active, même lorsque les pentes ne sont pas très fortes.

L'exposition intervient de son côté : la neige fond de bonne heure aux expositions chaudes, et détrempe les terres alors que le soleil n'est pas assez ardent pour en dessécher rapidement la surface.

Les versants orientés vers la direction d'où viennent habituellement les pluies sont particulièrement exposés à être dégradés.

Enfin, lorsque, par suite de circonstances économiques locales, on ne dispose que d'une faible étendue de terrains à reboiser, on

---

[1] La sous-période humide actuelle devrait prendre fin prochainement.

ne peut compter sur les travaux de cette nature pour apporter une amélioration sensible au régime des torrents.

Le dernier élément d'appréciation, la grandeur des intérêts à protéger, s'explique de lui-même.

Comme on l'a déjà fait remarquer, les travaux de correction à entreprendre sont nuls ou de très minime importance dans les périmètres de restauration de la région des Cévennes et du Massif central.

Dans les Alpes et dans les Pyrénées, lorsque les périmètres sont suffisamment étendus, que les terrains présentent une certaine résistance ou qu'on se trouve vers la fin d'une période humide ou au début d'une période sèche, on peut limiter, provisoirement tout au moins, les travaux de correction à la construction, s'il y a lieu, d'ouvrages de base pour s'opposer à tout creusement venant de l'aval, d'ouvrages de tête pour empêcher les ravins de s'étendre vers l'amont, et à l'exécution de garnissages, clayonnages, murs de soutien des terres, etc. Quelquefois même, le reboisement seul est suffisant.

Dans les autres cas les travaux de correction prennent une plus grande importance, selon les circonstances.

Quand on est amené à corriger en entier le lit d'un torrent ou d'un ravin, il faut éviter de construire en même temps une longue suite d'ouvrages.

La distance des barrages se règle souvent d'après l'inclinaison du lit et la pente d'atterrissement stable, pente qui varie dans de très larges limites, 1/2 à 20 p. 100 environ. En construisant un petit nombre d'ouvrages, on se réserve la faculté de modifier l'écartement des barrages supérieurs selon la valeur mesurée de la pente obtenue.

Il y a lieu, de plus, de remarquer que les atterrissements ne se forment que successivement, de sorte que si une très forte crue se produit avant le remblai de tous les barrages, ceux de ces ouvrages qui sont restés en saillie peuvent être emportés, soit par la violence du courant, soit par suite du creusement à leur pied du lit non protégé par les dépôts antérieurs.

Enfin, il est indispensable de maintenir tous les ouvrages en bon état d'entretien.

Les excellents traités de Demontezy et de MM. Wang, Thiéry et Lévy Salvador renferment tous les renseignements nécessaires pour la bonne exécution des travaux.

Toutefois, l'examen d'assez nombreux projets a donné lieu à quelques observations qui seront développées dans le chapitre suivant. (Planches 94 à 103.)

94. Périmètre du Gave de Pau (Hautes-Alpes). Série de Cauterets.
Partie de la Combe de Péguère au commencement des travaux.

95. Périmètre du Gave de Pau (Hautes-Pyrénées). Série de Cauterets.
Même vue que la précédente après achèvement des travaux.

96. Périmètre de la Tet Supérieure. (Pyrénées-Orientales). Série de Fontpédrouse.
Combe de la Bole.

97. Périmètre du Vicdessos (Ariège). Série de Goulier. — Correction d'une combe.

98. Périmètre de l'Ubaye (Basses-Alpes). Série de Saint-Pons. — Canal de dérivation
du torrent de l'Église.

99. Périmètre de la Haute-Isère (Savoie). Série de Bellecombe.
Sortie du canal de dérivation du Morel.

100. Périmètre de l'Arc Supérieur (Savoie). Série de Saint-Julien.
Canalisation du Saint-Julien.

101. Périmètre de l'Arve (Haute-Savoie). Série de Chamonix. — Glacier d'Argentières.

102. Périmètre de l'Arve (Haute-Savoie). Série de Saint-Gervais.
Crevasse du glacier de Tête-Rousse.

103. Périmètre de l'Arve (Haute-Savoie). Série de Saint-Gervais.
Sortie de l'eau de la crevasse après ouverture d'une galerie souterraine.

CHAPITRE IX.

EXÉCUTION DES TRAVAUX.

Stabilité des barrages. — Emploi de la formule générale. — Formules simplifiées. — Stabilité de l'ensemble d'un barrage, mur et fondation. —
Dimensions à donner à un barrage à section en forme de trapèze rectangle,
avec parement amont vertical, pour que la résultante des forces passe par
le tiers de la base de la fondation. — Dimensions d'un barrage en tenant
compte de la résistance des matériaux. — Même question en tenant compte
de la pression sur le sol. — Valeur de la plus grande compression. —
Glissement d'un barrage sur le sol; affaissement. — Distance de chute. —
Murs de soutènement; poussée des terres. — Calcul de la pression. — Formules simplifiées. — Stabilité des murs de soutènement. — Formules simplifiées. — Murs destinés à soutenir des terres en mouvement.

Stabilité des barrages. — Pour ne pas faire travailler les
maçonneries à l'extension, on donne habituellement aux barrages
des dimensions telles que la résultante du poids de la maçonnerie
et de la pression du liquide à l'amont passe par le tiers de la base
à partir de l'arête intérieure.

Quand cette condition est remplie, la base entière de l'ouvrage
repose sur ses fondations; la pression est nulle à l'extrémité amont,
elle est égale au double de la pression moyenne à l'extrémité aval.

On peut se proposer de rechercher, dans ce cas, quelle serait la
valeur de la base d'un mur à section triangulaire dont le parement
amont serait vertical (fig. 9).

On sait que, pour 1 mètre de longueur de mur, si Δ représente le poids spécifique du liquide et h la hauteur, la pression F
est égale à $\frac{1}{2}\Delta h^2$ et son point d'application est situé au tiers de
la hauteur à partir de la base. D'un autre côté, si on désigne par D
le poids spécifique de la maçonnerie et par b la base AB, le
poids P a pour expression $\frac{1}{2}Dbh$.

Le centre de gravité du triangle étant en G, au tiers de la mé-
diane menée de A′, la direction de F passe par ce point G et la
distance AC est égale à $\frac{b}{3}$.

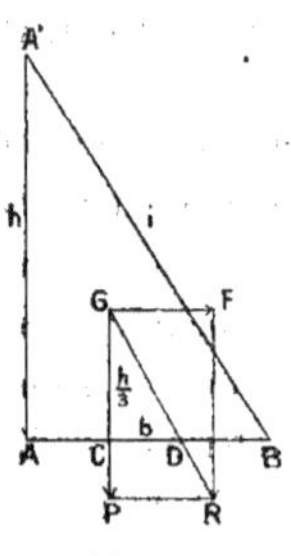

Fig. 1.

Pour que DB soit égale à $\frac{b}{3}$, il faut que $CD = \frac{b}{3}$.
Or $CD = CG \times \frac{F}{P} = \frac{h}{3} \times \frac{F}{P}$, donc :

$$\frac{h}{3} \times \frac{F}{P} = \frac{b}{3} \qquad \text{ou} \qquad Fh = Pb.$$

On serait arrivé au même résultat en écrivant l'égalité des mo-
ments de F et de P par rapport au point D.

En remplaçant F et P par leur valeur et en supposant $\Delta = 1$,
on obtient :

$$h^2 = Db^2, \quad \text{d'où} \quad b = h\sqrt{\frac{1}{D}}.$$

Si i représente le fruit du parement aval, $b = hi$ et par suite :

$$i = \sqrt{\frac{1}{D}} = 0,65 \quad \text{pour} \quad D = 2,4.$$

Le fruit donné par la formule qui précède est trop fort pour
les barrages à construire dans les torrents; de plus, pour ces petits
ouvrages, la portion rectangulaire de maçonnerie à substituer au
prisme triangulaire A′ modifierait sensiblement la valeur de P. On
est amené, par suite, à adopter un profil formé par un trapèze à

parement amont vertical et à parement aval présentant le fruit de $\frac{1}{5}$, admis généralement.

D'autres formes pouvant être adoptées dans certains cas particuliers, il est préférable de rechercher d'abord les dimensions correspondant à une section en forme de trapèze quelconque (fig. 2).

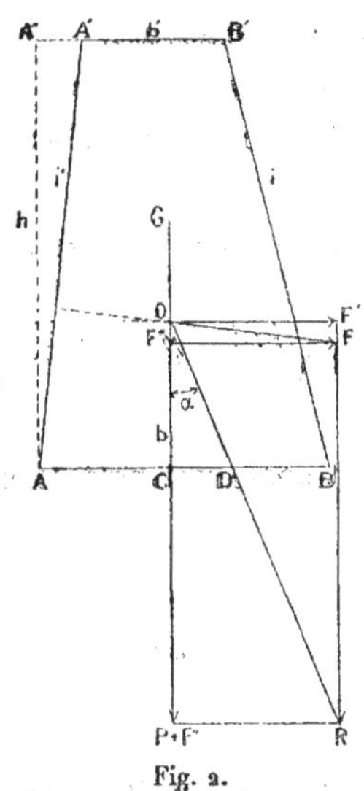

Fig. 2.

Si on se reporte aux annotations de la figure, on voit que :

$$F = \frac{1}{2}\Delta h^2\sqrt{1+i'^2}, \qquad P = Dh\frac{b+b'}{2},$$

$$F' = \frac{1}{2}\Delta h^2, \qquad\qquad b' = b - h(i+i'),$$

$$F'' = \frac{1}{2}\Delta h^2 i', \qquad\qquad CD = \frac{2}{3}b - AC = OC\,\mathrm{tg}\,\alpha.$$

En égalant les deux valeurs de CD, après avoir calculé AC et OC et avoir remplacé $\mathrm{tg}\,\alpha$ par $\dfrac{F'}{P+F''}$, on obtient pour la base b la valeur suivante :

$$b = h\left[-\left(\frac{i}{2}-i'+\frac{\Delta}{D}i'\right)+\sqrt{\left(\frac{i}{2}-i'+\frac{\Delta}{D}i'\right)^2+\frac{\Delta}{D}(1+i'^2)+i^2-i'^2}\right].$$

Pour $\Delta = 1$, $D = 2,4$, $i' = 0,10$, $i = 0,20$:

$$b = 0,631\,h,$$

$$b' = 0,331\,h\,^{[1]}.$$

Emploi de la formule générale. — En faisant varier i et i', on déduit de la formule relative à une section en forme de trapèze quelconque les valeurs de b pour d'autres sections.

1° La section du barrage est un trapèze quelconque :

$$b = h\left[-\left(\frac{i}{2} - i' + \frac{\Delta}{D}\,i'\right) + \sqrt{\left(\frac{i}{2} - i' + \frac{\Delta}{D}\,i'\right)^2 + \frac{\Delta}{D}\left(1 + i'^2\right) + i^2 - i'^2}\right].$$

2° La section est un trapèze rectangle, le parement vertical étant à l'intérieur :

$$i' = 0, \qquad F = \tfrac{1}{2}\Delta h^2, \qquad b = h\left[-\frac{i}{2} + \sqrt{\frac{5i^2}{4} + \frac{\Delta}{D}}\right].$$

3° La section est un trapèze symétrique :

$$i = i', \qquad b = h\left[\frac{i}{2}\left(1 - \frac{2\Delta}{D}\right) + \sqrt{\frac{i^2}{4}\left(1 - \frac{2\Delta}{D}\right)^2 + \frac{\Delta}{D}\left(1 + i^2\right)}\right].$$

4° La section est un trapèze rectangle, le parement vertical étant à l'extérieur :

$$i = 0, \qquad b = h\left[i'\left(1 - \frac{\Delta}{D}\right) + \sqrt{\frac{\Delta^2}{D^2}\,i'^2 + \frac{\Delta}{D}\left(1 - i'^2\right)}\right].$$

[1] $\frac{1}{2}\Delta h^2 i$ représentant le poids du prisme liquide dont la section est AA'A'', on pourrait composer ce poids avec celui de la maçonnerie et chercher la résultante du nouveau poids obtenu et de la composante horizontale $\frac{1}{2}\Delta h^2$.

5° La section est un rectangle :

$$i = i' = 0,$$
$$F = \frac{1}{2} \Delta h^2, \qquad b = h \sqrt{\frac{\Delta}{D}}.$$

Dans ce qui suit, on ne s'occupera que de la section en forme de trapèze rectangle avec le parement vertical à l'intérieur, cette forme étant presque toujours adoptée.

Formules simplifiées. — En donnant à Δ les deux valeurs 1 et 1,2 et en supposant $i = 0,20$, on obtient les formules simplifiées suivantes pour les diverses valeurs de D.

	$\Delta = 1$			$\Delta = 1,2$	
$D = 2,4$	$b = 0,583\,h$		$D = 2,4$	$b = 0,642\,h$	
	$b' = 0,383\,h$			$b' = 0,442\,h$	
$D = 2,2$	$b = 0,611\,h$	Maçon-	$D = 2,2$	$b = 0,672\,h$	Maçon-
	$b' = 0,411\,h$	nerie.		$b' = 0,472\,h$	nerie.
$D = 2$	$b = 0,642\,h$		$D = 2$	$b = 0,706\,h$	
	$b' = 0,442\,h$			$b' = 0,506\,h$	
$D = 1,8$	$b = 0,678\,h$		$D = 1,8$	$b = 0,747\,h$	
	$b' = 0,478\,h$	Pierre		$b' = 0,547\,h$	Pierre
$D = 1,6$	$b = 0,721\,h$	sèche.	$D = 1,6$	$b = 0,795\,h$	sèche.
	$b' = 0,521\,h$			$b' = 0,595\,h$	

« Il paraît inutile de considérer les valeurs de Δ supérieures à 1,2.

Pendant les crues, en effet, le courant traîne les graviers et les blocs sur le fond du lit et les laves proprement dites, qui ne sont pas très fréquentes, ne peuvent être assimilées à un liquide. Dans la pratique, on adopte habituellement les formules $b' = 0,40\,h$ pour la maçonnerie et $b' = 0,50\,h$ pour la pierre sèche, conformément aux usages des constructeurs qui admettent pour la pierre

sèche une épaisseur d'environ un quart en sus de celle de la maçonnerie. Si on considère que la hauteur des barrages est réduite
par l'établissement d'un blocage ou même simplement par les
débris des moellons employés à la maçonnerie, que de plus l'atterrissement se fait assez rapidement quand on prend la précaution
de ne construire en même temps qu'un petit nombre d'ouvrages,
on voit qu'on peut employer sans crainte les valeurs $b' = 0,40\,h$
ou $b' = 0,50\,h$ selon la nature de la construction, maçonnerie ou
pierre sèche. Le fond du lit doit toujours être régularisé à l'amont,
s'il y a lieu, au moyen d'atterrissements artificiels partiels.

Stabilité de l'ensemble d'un barrage, mur et fondation. — Si on désigne par H_1 la hauteur de la fondation, par B

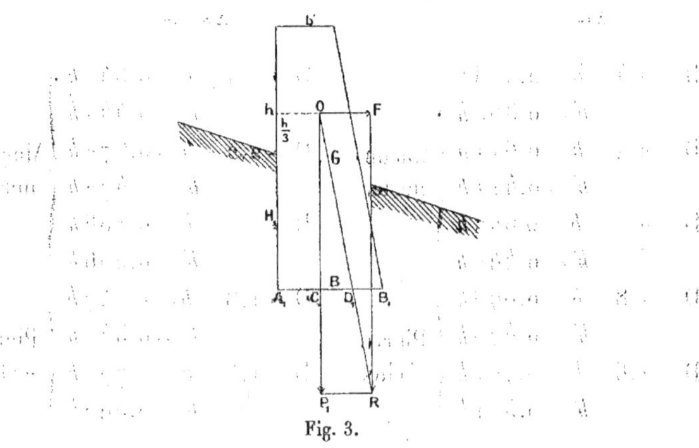

Fig. 3.

la base inférieure et par P_1 le poids total de la maçonnerie, on
voit sur la figure que (fig. 3.) :

$$D_1 B_1 = B - (A_1 C_1 + C_1 D_1), \quad A_1 C_1 = \frac{B^2 + Bb' + b'^2}{3(B + b')}, \quad C_1 D_1 = C_1 O \times \frac{F}{P_1},$$

$$C_1 O = H_1 + \frac{h}{3}, \quad F = \frac{1}{2}\Delta h^2, \quad P_1 = D(H_1 + h)\frac{B + b'}{2},$$

et que, par suite,

$$D_1 B_1 = B + \left[\frac{B^2 + Bb' + b'^2}{3(B + b')} + \left(H_1 + \frac{h}{3}\right)\frac{F}{P_1}\right].$$

ou

$$D_1 B_1 = \frac{2 B^2 + 2 B b' - b'^2 - \dfrac{3 H_1 + h}{H_1 + h} \cdot \dfrac{\Delta}{D} h^2}{3 (B + b')}.$$

Pour $h = 2^m$, $H_1 = 2^m$, $B = 1^m,60$, $b' = 0^m,80$, $\Delta = 1$, $D = 2,4$, $F = 2,000^k$, $P_1 = 11,520^k$, F et P_1 étant évalués pour 1 mètre de longueur de mur, la formule précédente donne :

$$D_1 B_1 = \frac{5,12 + 2,56 - 0,64 - 3,33}{7,2} = 0^m,52.$$

La valeur de $3 \times D_1 B_1$, $1^m,56$, étant peu différente de $1^m,60$, on peut admettre que la stabilité du barrage est suffisante, surtout si on tient compte de la diminution de h, et par suite de F, résultant des causes indiquées à la fin du paragraphe précédent.

Lorsque cette vérification a été faite pour les divers ouvrages d'un projet, on peut, si on trouve l'écart entre $3 D_1 B_1$ et B trop considérable, augmenter à vue les dimensions et procéder à une nouvelle vérification.

Dimensions à donner à un barrage à section en forme de trapèze rectangle, avec parement amont vertical, pour que la résultante des forces passe par le tiers de la base de la fondation. — Les dimensions calculées d'après les formules précédentes sont le plus souvent suffisantes, ainsi qu'on vient de le faire remarquer. Toutefois, dans certains cas, on pourrait avoir à rechercher les valeurs à adopter pour que la résultante des forces passe par le tiers de la base de fondation : quand cette condition est remplie, l'ensemble de l'ouvrage repose en entier sur le sol et la compression varie de 0 à $\dfrac{2N}{\omega}$.

En se reportant à la figure on voit que (fig. 4) :

$$A_1 C_1 = \frac{B^2 + B b' + b'^2}{3 (B + b')}, \quad C_1 D_1 = \frac{2}{3} B - A_1 C_1 = \frac{B^2 + B b' - b'^2}{3 (B + b')}.$$

D'un autre côté,

$$C_1 D_1 = C_1 O \times \frac{F}{P_1} = \left(H_1 + \frac{h}{3}\right) \frac{\frac{1}{2}\,\Delta h^2}{D\,(H_1 + h)\dfrac{B + b'}{2}} = \frac{3H_1 + h}{3(H_1 + h)} \times \frac{\dfrac{\Delta}{D}\,h^2}{B + b'}.$$

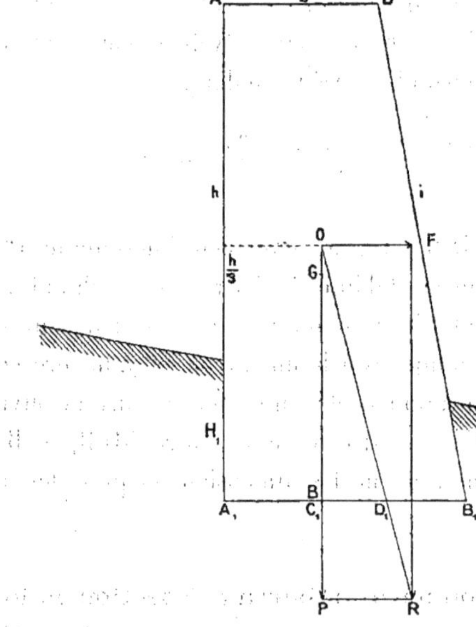

Fig. 4.

En égalant les deux valeurs de $C_1 D_1$ et en remplaçant b' par

$$B - (H_1 + h)\,i,$$

on obtient :

$$B = -(H_1 + h)\frac{i}{2} + \sqrt{\frac{5\,(H_1 + h)^2\,i^2}{4} + \frac{3H_1 + h}{H_1 + h} \times \frac{\Delta}{D}\,h^2},$$

ou, en posant $H = H_1 + h$,

$$B = -\frac{Hi}{2} + \sqrt{\frac{5H^2 i^2}{4} + \frac{3H - 2h}{H} \times \frac{\Delta}{D}\,h^2}.$$

Pour $h=5$, $H=7$, $\Delta=1$, $D=2,4$, $i=0,20$, la formule donne :

$$B = 3^m,64,$$

$$b' = 2^m,24.$$

Avec les valeurs $\Delta=1$, $D=2,4$, $i=0,20$, la formule se simplifie :

$$B = -0,10\,H + \sqrt{0,05\,H^2 + \frac{3H-2h}{H} \times 0,417\,h^2},$$

et enfin, dans le cas où $H_1 = h$,

$$B = 0,816\,h.$$

Dimensions d'un barrage en tenant compte de la résistance des matériaux. — Pour 1 mètre de longueur de mur, la pression moyenne N sur la fondation a pour valeur (fig. 5) :

$$N = Dh\,\frac{b+b'}{2},$$

de sorte que :

$$2N = Dh\,(b+b').$$

La surface pressée, si on suppose que le point de passage de la résultante est situé au tiers de la base à partir de l'arête extérieure, est :

$$\omega = 3 \times DB = \frac{2b^2 + 2bb' - b'^2 - \dfrac{\Delta}{D}h^2}{b+b'}.$$

Par suite, la compression R, qui se produit sur l'arête B, est donnée par :

$$R = \frac{2N}{\omega} = \frac{Dh\,(b+b')^2}{2b^2 + 2bb' - b'^2 - \dfrac{\Delta}{D}h^2},$$

d'où l'on déduit, après avoir remplacé b' par $b + hi$,

$$B = \frac{-2Dhi + R\sqrt{3\left(\frac{\Delta}{D} + i^2\right) - h \times \frac{4\Delta + Di^2}{R}}}{\frac{3R}{h} - 4D}.$$

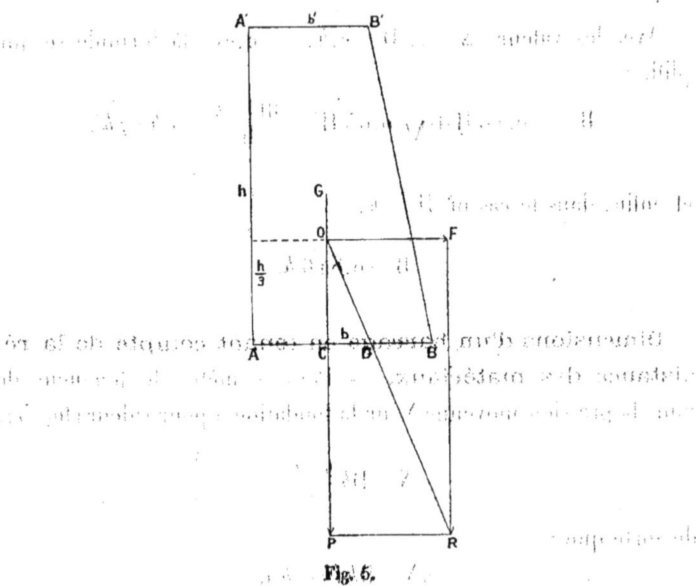

Fig. 5.

Dans les constructions ordinaires, pour lesquelles on peut prescrire l'emploi de matériaux d'une résistance connue, on peut admettre pour R des valeurs assez élevées, correspondant à 10 et 12 kilogrammes par centimètre carré.

Mais pour les ouvrages qu'on construit dans les montagnes, sur des points d'un accès difficile, il est nécessaire d'utiliser les matériaux qu'on trouve sur place et dont la qualité peut être médiocre, de sorte qu'il est prudent de ne pas dépasser 6 kilogrammes par centimètre carré pour la compression à faire supporter aux maçonneries.

Le sol des fondations n'étant pas toujours résistant, il est même préférable d'employer les formules établies précédemment, qui donnent une compression bien moindre encore, ou d'adopter une faible valeur pour R.

Pour $\Delta = 1$, $D = 2,4$, $i = 0,20$ et $R = 20$, la formule prend la forme simplifiée suivante :

$$b = \frac{-0,96\,h + 20\sqrt{1,37 - 0,2048\,h}}{\dfrac{60}{h} - 9,60}.$$

Si la hauteur h est égale à 5 mètres, on a :

$$b = 2^m,90,$$

$$b' = 1^m,90.$$

Même question en tenant compte de la pression sur le sol. — En suivant la même marche que précédemment, on voit que (fig. 6)

$$2N = D\,(H_1 + h)\,(B + b'),$$

$$\omega = 3 \times D_1 B_1,$$

$$D_1 B_1 = \frac{2B^2 + 2Bb' - b'^2 - \dfrac{3H_1 + h}{H_1 + h} \times \dfrac{\Delta}{D}\,h^2}{3\,(B + b')}.$$

Par suite,

$$R = \frac{2N}{\omega} = \frac{D\,(H_1 + h)\,(B + b')^2}{2B^2 + 2Bb' - b'^2 - \dfrac{3H_1 + h}{H_1 + h} \times \dfrac{\Delta}{D}\,h^2},$$

ou, en remplaçant $H_1 + h$ par H,

$$R = \frac{DH^2\,(B + b')^2}{2HB^2 + 2HBb' - Hb'^2 - (3H - 2h) \times \dfrac{\Delta}{D}\,h^2}.$$

Cette expression donne, après avoir remplacé b' par $B - Hi$,

$$B' = \frac{-2DH^3 i + R\sqrt{3H^4 i^2 - \dfrac{DH^5 i^2}{R} + \left(3H - \dfrac{4DH^2}{R}\right)(3H - 2h) \times \dfrac{\Delta}{D} h^2}}{3RH - 4DH^2}.$$

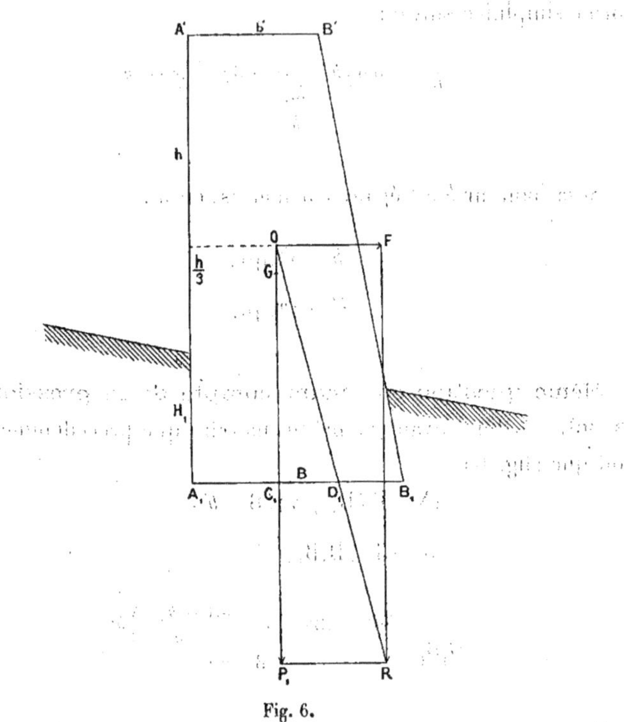

Fig. 6.

Pour $\Delta = 1$, $D = 2,4$, $i = 0,20$, $R = 30$,

$$B = \frac{-0,96 H^3 + 30\sqrt{0,12 H^4 - 0,0032 H^5 + H(3 - 0,32 H)(3H - 2h) \times 0,417 h^2}}{H(90 - 9,60 H)}.$$

Quand on a $h = 5$ et $H = 7$, la formule donne :

$$B = 3^m,40,$$
$$b' = 2^m,00.$$

Valeur de la plus grande compression. — En considérant un joint fictif perpendiculaire à la résultante de la pression du liquide et du poids de la maçonnerie, M. Bouvier a fait remarquer que la plus grande compression à l'extrémité de l'arête extérieure est égale à :

$$\frac{2N}{\omega}\left(1 + \mathrm{tg}^2\alpha\right) = \frac{2N}{\omega}\left(1 + \frac{F^2}{P^2}\right).$$

Si on adopte la formule $b = 0,60\,h$, avec $\Delta = 1$ et $D = 2,4$,

$$\frac{2N}{\omega} = \frac{2P}{b} = \frac{Dh^2}{0,60\,h} = 4h = 10\,b',$$

et la pression par centimètre carré est égale à b' kilogrammes, soit 2 kilogrammes pour $h = 5$.

La plus grande compression, toujours en supposant $h = 5$, est

$$\frac{2N}{\omega}\left(1 + \mathrm{tg}^2\alpha\right) = 23,400,$$

soit 2 kilogr. 340 par centimètre carré.

Il est surtout utile de chercher la pression de l'ensemble des ouvrages, mur et fondation, sur le sol des fondations.

La compression à l'extrémité de la base est donnée par la formule :

$$\frac{2N}{\omega} = \frac{2,4\,H\,(B + b')^2}{2B^2 + 2Bb' + b'^2 - \dfrac{3H - 2h}{H} \times \dfrac{h^2}{2,4}},$$

et comme :

$$\mathrm{tg}\,\alpha = \frac{F}{P} = \frac{h^2}{2,4 \times H\,(2B - Hi)},$$

il est facile d'évaluer la plus grande compression.

Si on adopte des dimensions telles que la résultante passe au tiers de la base et si on suppose $h = 5$, $H = 7$, $\Delta = 1$, $D = 2,4$, $i = 0,20$, $B = 3^m,64$, on a

$$\frac{2N}{\omega} = 27 \text{ kilogr. } 140,$$

soit 2 kilogr. 714 par centimètre carré, et

$$\frac{2N}{\omega}(1 + \mathrm{tg}^2\alpha) = 28 \text{ kilogr. } 870,$$

soit 2 kilogr. 887 par centimètre carré. Il faut, dans les calculs de cette nature, se préoccuper de la concordance des unités.

Les longueurs étant exprimées en mètres, le produit du volume par la densité donne pour le poids P un certain nombre de tonnes de 1,000 kilogrammes.

Le volume est calculé pour 1 mètre de longueur de mur, et par suite il en est de même de P.

La base b, évaluée en mètres, représente des mètres carrés pour une longueur de mur de 1 mètre.

Le résultat de la division de 2P par b fait connaître, par conséquent, la compression en tonnes sur 1 mètre carré.

Ainsi, l'expression précédente

$$\frac{2N}{\omega} = \frac{2P}{b} = 4h = 20, \quad \text{pour} \quad h = 5,$$

indique que la pression est de 20 tonnes par mètre carré, soit 2 kilogrammes par centimètre carré.

On effectue les calculs de résistance pour les barrages courbes en employant les mêmes formules que pour les ouvrages rectilignes.

Glissement d'un barrage sur le sol; affaissement. — Le glissement d'un barrage sur la fondation n'est pas à redouter.

Le coefficient de frottement des fondations sur le sol étant égal à 0,57 environ pour les terres ordinaires, le glissement général ne se produira pas non plus.

En donnant aux fondations une profondeur suffisante pour atteindre une couche résistante, le sol de fondation ne risque pas d'être détrempé et aucun affaissement n'est à craindre.

Distance de chute. — On peut admettre que, malgré la présence de matériaux pendant les crues, la trajectoire décrite par le courant, après son passage sur un barrage, est une parabole :

$$x^2 = \frac{2u^2}{g} y.$$

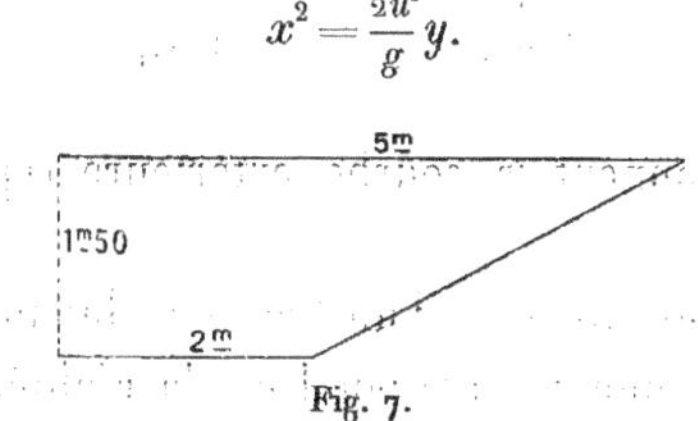

Fig. 7.

Si la cuvette présente les dimensions indiquées ci-dessus, le rayon moyen est égal à $0^m,981$ (fig. 7).

On suppose la cuvette entièrement occupée par le courant et on cherche la trajectoire des filets passant par le milieu de la hauteur.

Les formules de Bazin ne sont pas applicables aux torrents; toutefois, à défaut d'autre expression, on peut utiliser, pour obtenir une limite supérieure de la valeur cherchée, la formule

$$u = \frac{87\sqrt{RI}}{1 + \dfrac{1,75}{\sqrt{R}}}.$$

Si on suppose que la pente d'atterrissement est de $0,10$, on obtient :

$$u = 9^m,83.$$

L'équation de la parabole, rapportée au diamètre OY et à la tangente OX, est alors (fig. 8) :

$$x^2 = 19,7\,y,$$

d'où l'on déduit les valeurs de x correspondant à diverses valeurs de y.

12.

y	x
0,75	3,84
1,75	5,88
2,75	7,40
3,75	8,59

Ces valeurs donnent la courbe extérieure représentée sur la figure.

En réduisant les abscisses d'un tiers on obtient la courbe intérieure qui semble mieux correspondre à la réalité.

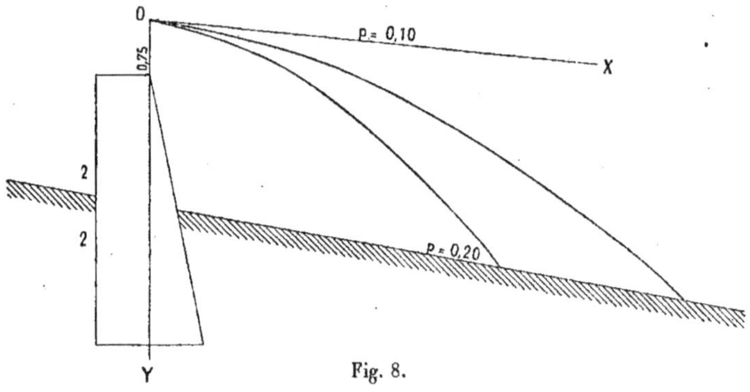

Fig. 8.

En résumé, un calcul de cette nature peut donner des indications utiles, mais il est nécessaire de se rendre compte sur le terrain de la valeur de la distance de chute et, par conséquent, de ne construire qu'un petit nombre de barrages en même temps afin de modifier, s'il y a lieu, les longueurs adoptées pour les radiers.

Murs de soutènement; poussée des terres. — Bien que l'hypothèse du prisme de plus grande poussée ne soit plus acceptée, on peut continuer à l'adopter pour les murs de faible hauteur, 5 à 6 mètres au plus, à construire dans les périmètres, sous la condition : 1° que les terres à soutenir soient limitées par un plan, sans surcharge; 2° qu'il ne s'agisse pas de terres en mouvement.

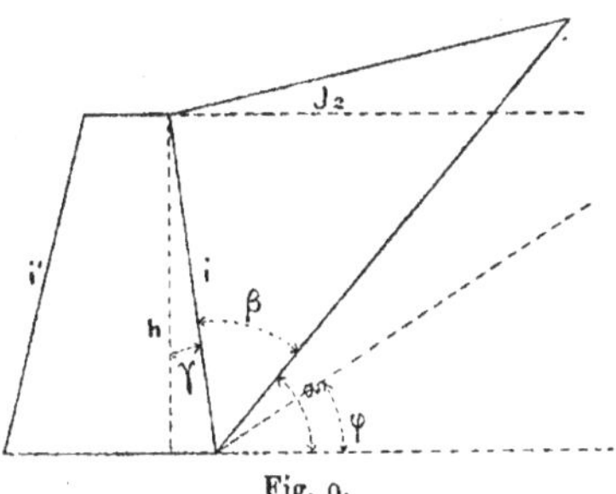

Fig. 9.

Dans cette hypothèse, la force F est égale et opposée à la réaction totale du mur, qui a pour expression, en faisant abstraction de la cohésion (fig. 9),

$$\frac{P \sin(\alpha - \varphi)}{\sin(\beta + \varphi + \varphi')}.$$

Elle forme avec la normale au parement intérieur du mur, et au-dessous de cette normale, un angle égal à l'angle de frottement des terres sur le mur; elle est appliquée au tiers de la hauteur à partir de la base.

On est d'avis, en général, d'admettre que $\varphi' = \varphi$, de sorte que l'angle formé par la pression avec la normale est égal à l'angle du talus naturel des terres.

En représentant par Δ la densité des terres et par x l'angle β et en se reportant aux annotations de la figure, on voit que dans le cas général :

$$F = \frac{1}{2} \Delta h^2 \frac{\cos(\varepsilon - \varphi) \sin(x + \gamma) \cos(x + \varphi)}{\cos \gamma \cos(x + \varepsilon) \sin(x + 2\varphi + \gamma)}.$$

Calcul de la pression. — La recherche du maximum de l'expression qui précède fait connaître la valeur de F dans le cas général, et, en faisant varier ε et γ, on en déduit les valeurs correspondant aux autres cas.

On obtient ainsi pour représenter F les diverses formules suivantes :

1° Le parement intérieur du mur est incliné, le massif des terres à soutenir est limité par un plan incliné :

$$F = \frac{1}{2} \Delta h^2 \cos (\varphi + \gamma) \frac{\cos^2 (\varepsilon - \gamma)}{\cos^2 \gamma \cos^2 (2\varphi + \gamma - \varepsilon)}$$

$$\times \left\{ 1 - \sqrt{\frac{\sin 2\varphi \sin (\varphi - \varepsilon)}{\sin 2\varphi \sin (\varphi - \varepsilon) + \cos (\varphi - \gamma) \cos (2\varphi + \gamma - \varepsilon)}} \right\}^2.$$

2° Le parement du mur est vertical, le massif est limité par un plan horizontal :

$$\gamma = 0, \quad \varepsilon = 0, \quad F = \frac{1}{2} \Delta h^2 \cos \varphi \frac{1}{(1 + \sqrt{2} \sin \varphi)^2}.$$

3° Le parement du mur est vertical, le massif est limité par un plan incliné :

$$\gamma = 0, \quad F = \frac{1}{2} \Delta h^2 \cos \varphi \frac{\cos^2 \varepsilon}{\cos^2 (2\varphi - \varepsilon)} \left(1 - \sqrt{\frac{2 \sin \varphi \sin (\varphi - \varepsilon)}{\cos \varepsilon}} \right)^2.$$

4° Le parement du mur est vertical, le massif est limité par un plan parallèle au talus naturel des terres :

$$\gamma = 0, \quad \varepsilon = \varphi, \quad F = \frac{1}{2} \Delta h^2 \cos \varphi.$$

5° Le parement du mur est incliné, le massif est limité par un plan horizontal :

$$\varepsilon = 0, \quad F = \frac{1}{2} \Delta h^2 \cos (\varphi + \gamma) \cdot \left\{ \frac{1 - \sin \varphi \sqrt{\dfrac{2 \cos \varphi}{\cos \gamma \cos (\varphi + \gamma)}}}{\cos (2\varphi + \gamma)} \right\}^2.$$

6° Le parement du mur est incliné, le massif est limité par un plan parallèle au talus naturel des terres :

$$\varepsilon = \varphi, \quad F = \frac{1}{2} \Delta h^2 \frac{\cos^2 (\varphi - \gamma)}{\cos (\varphi + \gamma) \cos^2 \gamma}.$$

Formules simplifiées. — Dans la pratique, afin d'éviter de faire chaque fois le calcul de F, on prépare une table renfermant un certain nombre de valeurs calculées et on détermine, par une proportion, les valeurs intermédiaires.

Si on suppose, par exemple, $\Delta = 1{,}800$ kilogr. et $\varphi = 34°$, les formules (2) et (4) donnent :

$$F = 232\,h^2,$$
$$F = 746\,h^2.$$

Des éboulements se produisent souvent sur les chemins de montagne, il est prudent de prendre $F = 746\,h^2$.

Stabilité des murs de soutènement. — Si on cherche les dimensions à donner à un mur à section en forme de trapèze quelconque, pour que le centre de pression se trouve au tiers de la base à partir de l'arête extérieure, on obtient une formule générale de laquelle on déduit les formules relatives aux cas particuliers. Les expressions suivantes, dans lesquelles on doit remplacer F par sa valeur calculée et z par $\frac{h}{3}$, font connaître la base b.

$1°$ La section du mur est un trapèze quelconque :

$$b = -\frac{1}{2}\left[h\left(i' - 2i\right) + \frac{4F}{Dh}\frac{\sin\varphi + i\cos\varphi}{\sqrt{1 + i^2}}\right]$$
$$+ \sqrt{\frac{1}{4}\left[h\left(i' - 2i\right) + \frac{4F}{Dh}\frac{\sin\varphi + i\cos\varphi}{\sqrt{1 + i^2}}\right]^2 + \frac{6Fz}{Dh}\sqrt{1 + i^2}\cos\varphi + h^2\left(i'^2 - i^2\right)}.$$

$2°$ La section est un trapèze rectangle, le parement vertical étant à l'intérieur :

$$i = 0, \qquad b = -\frac{1}{2}\left(hi' + \frac{4F}{Dh}\sin\varphi\right)$$
$$+ \sqrt{\frac{1}{4}\left(hi' + \frac{4F}{Dh}\sin\varphi\right)^2 + \frac{6Fz}{Dh}\cos\varphi + h^2 i'^2}.$$

3°   La section est un trapèze symétrique :

$$i = i', \quad b = \frac{1}{2}\left(hi - \frac{4F}{Dh}\frac{\sin\varphi + i\cos\varphi}{\sqrt{1+i^2}}\right)$$

$$+ \sqrt{\frac{1}{4}\left(hi - \frac{4F}{Dh}\frac{\sin\varphi + i\cos\varphi}{\sqrt{1+i^2}}\right)^2 + \frac{6Fz}{Dh}\sqrt{1+i^2}\cos\varphi}.$$

4° La section est un trapèze rectangle, le parement vertical étant à l'extérieur :

$$i' = 0, \quad b = \frac{1}{2}\left(2hi - \frac{4F}{Dh}\frac{\sin\varphi + i\cos\varphi}{\sqrt{1+i^2}}\right)$$

$$+ \sqrt{\frac{1}{4}\left(2hi - \frac{4F}{Dh}\frac{\sin\varphi + i\cos\varphi}{\sqrt{1+i^2}}\right)^2 + \frac{6Fz}{Dh}\cos\varphi - h^2 i^2}.$$

5° La section est un rectangle :

$$i = i' = 0, \quad b = -\frac{2F}{Dh}\sin\varphi + \sqrt{\frac{4F^2}{D^2 h^2}\sin^2\varphi + \frac{6Fz}{Dh}\cos\varphi}.$$

Formules simplifiées. — Le calcul de b est assez long, même quand on se contente des valeurs approximatives de F. Pour les murs de 3 à 4 mètres de hauteur, on emploie habituellement les formules suivantes, ou d'autres analogues, qui font connaître l'épaisseur moyenne du mur en fonction de la hauteur :

$$e = 0,32\,h \text{ pour la maçonnerie,}$$

$$e = 0,40\,h \text{ pour la pierre sèche.}$$

Quand on emploie la maçonnerie, il est absolument indispensable d'établir des barbacanes.

Les parements inclinés intérieurs se construisent par redans; cette disposition procure un surcroît de stabilité.

On rechercherait, comme on l'a fait pour les barrages, la solution des questions relatives à la résistance des matériaux et aux fondations; en ce qui concerne la résistance, le plus simple est de déterminer, d'après la section adoptée, la valeur de la plus grande compression sur l'arête extérieure, en remarquant que :

$$2N = 2\,(P + F \sin\varphi).$$

Murs destinés à soutenir des terres en mouvement. — Quand il s'agit de soutenir des terres en mouvement, M. Résal recommande de donner au parement du côté des terres un fruit de

$$\frac{\pi}{4} + \frac{\varphi}{2}$$

pour les fortes valeurs de φ et de φ pour les valeurs moindres. Il y a lieu de se reporter à son ouvrage pour les dispositions à adopter[1].

[1] Jean Résal, *Poussée des terres. Stabilité des murs de soutènement.* Paris, 1903.

Observations. — *a.* Dans certaines conditions de largeur de lit et de régime, il y a intérêt à peu relever les ailes des barrages; dans tous les cas, la cuvette doit être suffisante pour laisser passer les crues.

b. La lame liquide qui passe sur la cuvette agit après l'atterrissement par son poids et par le frottement des blocs qu'elle charrie; on peut en tenir compte.

c. On a utilisé la formule de Bazin en supposant, ce qui n'est pas exact, que la vitesse moyenne u est égale à la vitesse au milieu de la lame liquide. Il est utile de tracer aussi la courbe correspondant à la vitesse maxima, prise égale à $\frac{5}{4}\,u$.

Pour construire les courbes on peut réduire la vitesse de 1/3 et écrire l'équation de la parabole rapportée à des axes rectangulaires; on détermine plus facilement la vitesse au point de chute, ainsi que les composantes, normale et parallèle au plan de chute.

Les barrages restant très peu de temps sans être atterris, on n'emploie pas les formules relatives aux déversoirs.

d. On peut avoir à construire un mur ou une digue de telle sorte que la résultante des forces passe par le milieu de la base; le calcul des dimensions ne présente aucune difficulté.

e. On doit éviter de faire travailler les maçonneries à l'extension. C'est pour ce motif qu'on fait passer la résultante par le tiers de la base; on recherche ensuite la résistance à l'écrasement si les dimensions des ouvrages comportent cette recherche.

CHAPITRE X.

TRAVAUX FACULTATIFS DE RESTAURATION ET MESURES DE CONSERVATION.

Dans les terrains de montagne, les travaux facultatifs de reboisement et de correction, entrepris par les communes et les particuliers, sont l'objet de subventions de l'État; il en est de même des travaux de mise en valeur des pâturages effectués par les communes, les associations pastorales et les fruitières. (Article 5 de la loi du 4 avril 1882.)

Les travaux facultatifs de reboisement ont pris depuis quelques années une grande extension, surtout dans la région du Massif central, où l'Administration des eaux et forêts distribue chaque année plusieurs milliers de kilogrammes de graine de pin sylvestre.

Chaque année également, l'Administration alloue, dans les régions des Alpes et des Pyrénées, des subventions en argent pour installation ou amélioration de fruitières. On a pris l'habitude de désigner sous ce nom tout établissement communal, collectif ou particulier, qui manipule le lait fourni par un groupe de propriétaires de bétail.

Dans les Alpes, ces établissements produisent du fromage et du beurre, et quelquefois du beurre et du lait pasteurisé expédié dans les grands centres. Les premières fruitières ont été installées sous la direction de M. le sénateur Calvet, dont la compétence dans les questions pastorales est bien connue.

Quelques communes des Alpes et des Pyrénées ont été subventionnées à l'occasion de constructions d'abris pour les pâtres et pour le bétail, d'abreuvoirs, de canalisations d'eau, d'ouverture de rigoles d'arrosage et d'établissement de sentiers d'accès dans les hauts pâturages.

Dans le Jura, d'assez nombreux travaux d'amélioration sont

104. Commune de Sisteron (Basses-Alpes).— Travaux facultatifs de reboisement.
Cèdres de 40 ans. Plantation.

105. Commune de Bedoin (Vaucluse). — Travaux facultatifs de reboisement.
Pins maritimes de 37 ans. Semis.

106. Commune de Sisteron (Basses-Alpes). — Travaux facultatifs de correction.
Garnissages.

107. Commune de Montauban (Haute-Garonne). Travaux facultatifs de correction.
Canal de dérivation des eaux du plateau de Herran.

108. Fruitière de Roquebillière (Alpes-Maritimes).

effectués chaque année sur de petites étendues de pâturages communaux.

Lorsque des terrains situés sur des versants de montagne présentent des traces de ravinement, ils peuvent être mis en défens conformément aux dispositions des articles 7 à 11 de la loi du 4 avril 1882.

En fait, les seules mises en défens qui soient effectuées sont celles qui ont lieu avec l'assentiment des propriétaires.

Enfin, en vertu des articles 12 à 15 de la loi du 4 avril 1882, les communes sur le territoire desquelles des périmètres de restauration ont été installés doivent établir des règlements de pâturage. Ces règlements indiquent la nature et les limites des terrains communaux, les diverses espèces de bétail et le nombre des animaux à y introduire, l'époque du commencement et de la fin du pâturage, ainsi que les autres conditions relatives à son exercice.

L'utilité de ces diverses mesures, qui ont toutes pour but d'arriver à la consolidation et à la mise en valeur du sol dans les régions montagneuses, commence à être reconnue par les populations et il y a lieu, par suite, de penser que, dans un avenir peu éloigné, on pourra constater une amélioration très réelle des terrains et de la situation économique de ces régions. (Planches 104 à 108.)

CHAPITRE XI.

TRAVAUX DE RESTAURATION DANS LES PÉRIMÈTRES.
COMPTE RENDU SOMMAIRE DES TRAVAUX DE 1860 À 1909.

Le tableau ci-après fait connaître la situation au 1ᵉʳ janvier 1909 des périmètres de restauration en ce qui concerne :

1° Leur consistance ;
2° Les résultats des travaux exécutés ;
3° Les dépenses effectuées ;
4° Les dépenses prévues pour l'achèvement des travaux.

Les contenances indiquées comprennent les terrains compris dans les périmètres eux-mêmes et ceux qui, ayant été acquis au moyen des crédits inscrits à l'article 2 du chapitre du budget relatif au reboisement, ont été rattachés à ces périmètres.

Les acquisitions ont porté quelquefois sur des lambeaux de forêts ruinées qui ont fait l'objet de travaux d'amélioration divers : recepages, nettoiements, repeuplements, etc.

Les terrains de cette nature ont été englobés dans la catégorie des terrains reboisés.

Les terrains non susceptibles de reboisement comprennent les parcelles rocheuses, ou instables ou situées à une trop grande altitude : les terrains des deux dernières catégories pourront être ultérieurement reboisés en partie.

L'écart existant entre l'étendue des terrains à l'État et la contenance reboisée provient de deux causes distinctes.

L'Administration ayant renoncé aux expropriations achète à l'amiable les parcelles périmétrées au fur et à mesure que des circonstances favorables se présentent. Il en résulte un morcellement qui ne permet pas de créer immédiatement les pépinières et les sentiers nécessaires.

De plus, lorsque les parcelles sont suffisamment groupées pour que l'on puisse entreprendre les travaux, l'étendue reboisée annuellement est limitée par la main-d'œuvre locale disponible. Il paraît équitable en effet que les montagnards récupèrent en salaires l'équivalent des revenus qu'ils perdent en pâturage.

Ce repos du sol n'est d'ailleurs pas inutile : les avantages de la mise en défens sont suffisamment connus pour qu'il soit nécessaire de les rappeler.

Les dépenses effectuées concernent non seulement les travaux de restauration mais aussi les travaux d'entretien dont l'importance croît nécessairement d'année en année.

Les prévisions de dépenses se rapportent aux terrains qu'il est nécessaire de restaurer et, de plus, à des périmètres que l'on peut qualifier de deuxième urgence et dont on pourra probablement réduire l'étendue.

La comparaison des résultats obtenus au 1er janvier 1893 et au 1er janvier 1909 fournit les données suivantes :

Période de 32 ans. (De 1860 au 1er janvier 1893.)

Contenance des terrains achetés. 100,711 hectares.
Contenance des terrains reboisés. 68,420

Période de 16 ans. (Du 1er janvier 1893 au 1er janvier 1909.)

Contenance des terrains achetés. 106,732
Contenance des terrains reboisés. 78,605

SITUATION AU 1ᵉʳ JANVIER 1909

PÉRIMÈTRES.	CONSISTANCE DES PÉRIMÈTRES.		RÉSULTATS DES TRAVAUX.		
			TERRAINS		
	À L'ÉTAT.	À ACQUÉRIR.	REBOISÉS.	non susceptibles DE REBOISEMENT.	À REBOISER.
	hectares.	hectares.	hectares.	hectares.	hectares.
					RÉGIO[N] — BASSE[...]
Ubaye.	11,339	2,365	8,582	1,318	1,439
Blanche.	1,454	1,312	1,432	22	»
Durance-Sasse.	3,988	4,558	3,266	4	788
Durance-Vanson.	3,940	1,693	2,451	»	1,489
Durance-Jabron.	3,056	1,509	965	»	2,091
Haute Bléone.	4,456	6,956	3,094	37	1,280
Basse Bléone.	1,110	855	973	82	55
Asse supérieure.	3,354	3,667	1,539	29	1,786
Asse inférieure.	1,155	2,385	600	»	555
Durance-Lauzon.	717	1,036	415	»	301
Durance-Largue.	692	3,041	671	»	21
Verdon supérieur.	15,468	3,656	19,498	35	4,935
Verdon moyen.	2,692	2,057	2,185	»	507
Verdon inférieur.	2,812	1,167	783	»	2,029
Var-Colomp.	2,323	4,679	2,062	36	225
Caulon-Nesque.	173	355	139	»	34
TOTAUX.	58,720	41,291	39,694	1,559	17,476
					HAUT[E]
Romanche.	»	465	»	»	[illegible]
Haute Durance.	2,202	1,000	1,670	307	228
Guil.	938	1,764	715	214	1[...]
Durance d'Embrun.	3,246	1,271	2,683	547	2[...]
Durance-Luye.	2,990	1,003	2,017	953	44[...]
Durance-Déoule.	1,189	1,685	704	69	[illegible]
A reporter.	10,565	7,188	7,789	2,090	68[...]

DES PÉRIMÈTRES DE RESTAURATION.

| | DÉPENSES EFFECTUÉES. | | | | | DÉPENSES PRÉVUES pour L'ACHÈVEMENT DES TRAVAUX. | |
| | TRAVAUX | | | DIVERS. | TOTAL. | ACQUISITIONS | TRAVAUX | ACQUISITIONS |
FORESTIERS.	DE CORRECTION.	AUXILIAIRES.				DE TERRAINS.	de toute nature.	de terrains.
francs.	francs.	francs.	francs.	francs.	francs.	francs.	francs.	francs.
755,047	3,405,284	476,066	295,351	5,930,748	1,503,162	1,521,600	212,850	
661,403	150,507	202,733	47,819	1,062,462	125,658	328,000	74,700	
645,930	308,525	153,010	49,701	1,157,166	339,959	1,057,200	364,640	
368,824	27,679	56,484	37,175	490,162	419,584	636,400	135,440	
118,651	9,306	13,629	14,266	155,852	291,050	720,000	120,720	
669,376	363,296	164,015	97,857	1,294,544	426,943	1,767,200	556,410	
183,306	205,078	56,432	41,479	486,295	143,803	237,500	76,950	
222,996	91,053	56,688	21,065	391,802	249,483	1,090,600	293,360	
64,373	5,393	24,547	4,228	98,541	90,905	211,864	166,950	
69,310	5,449	3,434	4,427	52,620	57,735	200,500	93,200	
41,925	6,011	4,560	5,606	58,192	62,871	612,400	273,600	
399,418	126,684	392,664	113,936	1,932,702	1,326,631	976,266	255,920	
565,640	206,234	137,055	39,682	948,611	342,044	481,727	143,990	
132,170	67,172	31,308	14,037	244,687	207,686	290,000	81,600	
131,606	57,798	64,092	12,101	365,597	295,330	494,000	347,830	
11,748	1,830	1,064	1,010	15,652	16,992	77,800	29,950	
010,723	5,037,899	1,837,781	799,740	14,685,543	5,899,836	10,703,057	3,228,200	
"	"	"	"	"	"	139,500	42,700	
544,755	416,004	137,785	40,874	1,139,418	681,990	365,400	134,000	
137,416	627,771	61,974	46,885	973,546	194,506	325,900	354,200	
364,278	996,021	170,605	933,096	2,964,000	654,283	389,900	91,020	
647,532	436,838	289,741	73,288	1,387,399	440,234	319,200	62,486	
86,138	8,465	48,806	16,636	160,045	142,095	630,200	242,420	
380,119	2,485,099	648,911	1,110,279	6,624,408	2,113,108	2,170,100	926,626	

PÉRIMÈTRES.	CONSISTANCE DES PÉRIMÈTRES.		RÉSULTATS DES TRAVAUX		
			TERRAINS		
	à L'ÉTAT.	à ACQUÉRIR.	REBOISÉS.	non susceptibles DE REBOISEMENT.	à REBO...
	hectares.	hectares.	hectares.	hectares.	hect...
Report............	10,565	7,188	7,789	2,090	4...
Petit Buëch............	6,556	2,591	2,898	1,175	2,4...
Buëch supérieur............	3,796	3,604	3,519	118	1...
Buëch inférieur............	402	1,264	45	4	3...
Oule............	146	227	124	″	
Eygues............	187	314	90	″	
Drac supérieur............	8,662	3,833	4,682	3,889	
Drac-Séveraisse............	2,051	5,268	601	528	9...
Drac-Souloise............	″	1,794	″	″	
Totaux............	32,365	26,083	19,748	7,804	4,8...
Var supérieur............	4,290	5,614	2,023	561	1,7...
Var moyen............	1,648	2,805	835	145	6...
Tinée............	1,056	4,187	281	300	4...
Vésubie............	142	621	122	8	
Paillon............	990	1,423	912	10	
Roya et Bévéra............	83	190	79	4	
Estéron............	1,160	1,516	588	38	5...
Loup............	″	172	″	″	
Totaux............	9,369	16,528	4,840	1,066	3,4...
Buëch supérieur............	214	412	209	5	
Haute Drôme............	5,474	573	4,416	183	8...
Drôme-Bez............	3,399	230	2,097	60	1,2...
Basse Drôme............	10,121	1,998	3,955	270	5,8...
A reporter............	19,208	3,213	10,667	518	8,0...

STIERS.	DE CORRECTION.	AUXILIAIRES.	DIVERS.	TOTAL.	ACQUISITIONS DE TERRAINS	TRAVAUX de toute nature.	ACQUISITIONS de terrains.
francs.	francs.	francs.	francs.	francs.	francs.	francs.	francs.

ALPES. (Suite.)

s. (Suite.)

STIERS.	DE CORRECTION.	AUXILIAIRES.	DIVERS.	TOTAL.	ACQUISITIONS DE TERRAINS	TRAVAUX de toute nature.	ACQUISITIONS de terrains.
0,119	2,485,099	648,911	1,110,279	6,624,408	2,113,108	2,170,100	926,626
8,175	222,040	161,675	83,365	885,255	757,789	508,500	259,000
3,429	18,116	58,30	20,026	279,872	320,940	715,400	360,400
5,847	657	851	857	8,212	111,680	323,400	189,500
5,498	264	973	95	6,830	23,198	94,700	22,700
7,331	666	599	372	8,968	29,959	112,700	31,400
6,715	288,603	181,171	81,519	1,278,008	1,170,584	360,000	383,300
8,614	#	10,988	1,926	61,528	126,097	603,900	526,800
#	#	#	#	#	#	238,000	179,400
5,728	3,015,445	1,063,469	1,298,439	9,153,081	4,653,355	5,126,700	2,879,126

TIMES.

STIERS.	DE CORRECTION.	AUXILIAIRES.	DIVERS.	TOTAL.	ACQUISITIONS DE TERRAINS	TRAVAUX de toute nature.	ACQUISITIONS de terrains.
5,665	346,970	107,230	28,213	768,078	180,726	1,464,000	393,000
3,288	127.586	29,787	6,914	302,575	95,286	694,600	224,400
5,714	12,330	11,359	16,313	75,716	49,957	932,400	293,100
5,495	18,800	14,022	1,857	66,174	7,182	176,568	43,500
9,607	148,977	58,880	7,387	394,851	77,288	596,400	142,300
5,862	46,968	10,686	2,160	86,676	6,635	19,370	19,000
7,446	57,992	15,843	4,927	146,208	79,656	364,613	136,400
#	#	#	#	#	#	52,890	22,000
9,077	759,623	247,807	67,771	1,834,278	496,370	4,300,841	1,273,700

STIERS.	DE CORRECTION.	AUXILIAIRES.	DIVERS.	TOTAL.	ACQUISITIONS DE TERRAINS	TRAVAUX de toute nature.	ACQUISITIONS de terrains.
3,402	25,410	5,396	1,229	105,437	64,154	103,000	55,620
6,808	527,784	166,590	51,734	2,072,916	742,955	289,600	77,350
3,018	333,587	159,192	28,720	1,209,517	437,475	193,299	34,500
3,016	276,039	226,835	59,192	1,268,082	1,209,296	1,524,548	269,750
4,244	1,162,820	558,013	140,875	4,655,952	2,453,980	2,110,447	437,220

IMPRIMERIE NATIONALE

PÉRIMÈTRES.	CONSISTANCE DES PÉRIMÈTRES.		RÉSULTATS DES TRAVAUX.		
			TERRAINS		
	à l'état.	à acquérir.	reboisés.	non susceptibles de reboisement.	à reboiser.
	hectares.	hectares.	hectares.	hectares.	hectares.
Report	19,208	3,213	10,667	518	8,013
Drôme-Roanne	1,904	763	698	8	1,868
Eygues-Oule	1,536	951	325	//	1,811
Eygues	573	497	180	//	393
Ouvèze	271	485	172	//	99
Roubion	125	267	125	//	7
Haute Ouvèze	289	15	289	//	//
Toulourenc	342	//	327	//	15
Totaux	24,248	6,191	12,723	526	10,999
Basse Isère	557	38	348	135	73
Romanche	2,447	1,336	1,144	635	668
Drac-Souloise	551	//	372	30	149
Drac-Bonne	2,656	57	1,329	956	370
Drac-Ébron	2,573	1,322	1,492	1,067	14
Drac inférieur	2,151	1	896	811	445
Drac moyen	958	//	732	82	145
Totaux	11,893	2,754	6,313	3,710	1,864
Haute Isère	1,294	37	899	124	271
Arc supérieur	2,592	565	647	310	1,635
Arc inférieur	644	1,639	75	393	176
Totaux	4,530	2,989	1,621	827	2,082

ALPES. (Suite.)

(Suite.)

FORESTIERS.	DÉPENSES EFFECTUÉES — TRAVAUX : DE CORRECTION.	AUXILIAIRES.	DIVERS.	TOTAL.	ACQUISITIONS DE TERRAINS.	DÉPENSES PRÉVUES pour L'ACHÈVEMENT DES TRAVAUX — TRAVAUX de toute nature.	ACQUISITIONS de terrains.
francs.	francs.	francs.	francs.	francs.	francs.	francs.	francs.
794,244	1,162,820	558,013	140,875	4,655,952	2,453,980	2,110,447	437,220
87,129	21,324	38,735	18,444	157,632	218,419	507,750	163,000
64,226	22,292	4,583	2,693	93,794	168,776	530,750	102,000
37,020	14,089	4,075	3,354	58,538	51,175	221,500	50,000
20,301	7,063	4,220	424	32,008	18,290	146,000	51,000
23,959	36	1,478	315	25,788	15,367	105,000	30,000
35,930	27,626	4,943	362	68,861	12,549	3,000	1,500
47,875	//	8,076	2,047	57,998	44,072	2,250	//
110,684	1,255,250	624,123	160,514	5,150,571	2,982,528	3,626,997	780,720
36,857	546,365	34,761	45,406	663,388	104,201	44,400	4,750
211,111	293,735	74,031	39,846	618,725	228,383	400,800	73,480
94,505	320,560	27,139	19,774	461,980	63,183	29,800	//
92,729	738,268	129,026	161,091	1,421,113	168,862	170,000	5,700
469,893	393,853	134,283	55,876	1,053,905	245,969	210,000	56,100
176,847	177,295	65,868	40,596	461,206	199,341	89,000	100
251,242	139,147	57,436	13,634	461,458	103,867	30,000	//
633,184	2,609,823	522,545	376,223	5,141,775	1,113,886	974,000	140,130
153,092	3,096,834	175,481	34,669	3,460,076	130,459	356,200	3,700
147,635	1,975,417	290,516	41,730	2,455,298	340,140	400,000	73,450
876	108,696	28,651	5,289	143,512	113,329	907,500	146,457
301,603	5,180,947	494,648	81,688	6,058,886	583,928	1,663,700	223,607

PÉRIMÈTRES.	CONSISTANCE DES PÉRIMÈTRES.		RÉSULTATS DES TRAVAUX.		
	TERRAINS				
	à l'état.	à acquérir.	reboisés.	non susceptibles de reboisement.	à reboise...
	hectares.	hectares.	hectares.	hectares.	hectares.

RÉGION ... HAUTE-...

PÉRIMÈTRES.	à l'état.	à acquérir.	reboisés.	non susceptibles de reboisement.	à reboiser.
Arve.	434	747	108	66	260
Fier.	289	443	116	//	173
Dranse.	//	723	//	//	,
Totaux.	723	1,913	224	66	433

VAL...

PÉRIMÈTRES.	à l'état.	à acquérir.	reboisés.	non susceptibles de reboisement.	à reboiser.
Toulourenc.	3,253	105	3,253	//	//
Sorgue.	2,458	657	1,073	//	1,385
Totaux.	5,711	762	4,326	//	1,385

RÉGION DES CÉVENNE...

PÉRIMÈTRES.	à l'état.	à acquérir.	reboisés.	non susceptibles de reboisement.	à reboiser.
Ardèche supérieure.	3,340	1,479	3,027	8	305
Ardèche moyenne.	1,518	1,526	1,028	//	490
Chassézac.	531	1,400	486	7	38
Allier.	//	977	//	//	//
Erieux.	1,083	1,744	1,069	//	14
Mialan.	//	185	//	//	//
Ouvèze.	54	422	24	//	30
Ouvèze inférieure.	148	338	74	//	74
Payre.	391	389	249	//	149
Lavezon.	16	1,140	//	//	16
Escoutay.	50	1,988	//	//	50
Totaux.	7,131	11,588	5,957	15	1,159

	DÉPENSES EFFECTUÉES.						DÉPENSES PRÉVUES pour L'ACHÈVEMENT DES TRAVAUX.	
TRAVAUX				TOTAL.	ACQUISITIONS DE TERRAINS.	TRAVAUX de toute nature.	ACQUISITIONS de terrains.
FORESTIERS.	DE CORRECTION.	AUXILIAIRES.	DIVERS.				
francs.	francs.	francs.	francs.	francs.	francs.	francs.	francs.
DES ALPES. (Suite.)							
SAVOIE.							
29,819	631,386	104,333	20,558	786,096	24	604,200	74,700
6,662	24,318	41,923	4,066	76,969	32,848	246,400	44,600
//	//	//	//	//	//	867,420	72,300
36,481	655,704	146,256	24,624	863,065	32,872	1,718,020	191,300
CLUSE.							
527,917	17,928	63,682	19,090	628,617	386,805	22,050	12,600
108,465	//	31,710	14,681	156,656	243,224	202,400	65,700
636,382	17,928	95,392	35,571	785,273	630,029	224,450	78,300
ET DU PLATEAU CENTRAL.							
DÈCHE.							
394,328	61,373	105,433	28,744	589,878	1,084,092	389,000	343,000
151,796	26,807	47,277	15,603	241,478	379,053	393,000	191,000
68,094	2,012	14,791	7,072	91,969	112,736	294,000	176,000
//	//	//	//	//	//	172,000	131,000
174,044	19,524	27,182	8,918	229,668	507,936	351,600	260,000
//	//	//	//	//	//	21,000	32,600
3,391	//	203	2,550	6,144	14,106	72,000	36,000
8,528	//	2,223	993	11,744	28,484	79,000	30,000
1,578	//	635	164	2,377	50,035	116,000	82,000
//	//	//	//	//	2,234	214,000	136,000
//	//	//	//	//	6,373	316,800	251,000
801,759	109,711	197,744	64,044	1,173,258	2,184,949	2,418,400	1,668,600

PÉRIMÈTRES.	CONSISTANCE DES PÉRIMÈTRES.		RÉSULTATS DES TRAVAUX.		
			TERRAINS		
	À L'ÉTAT.	A ACQUÉRIR.	REBOISÉS.	non susceptibles DE REBOISEMENT.	À REBOISER.
	hectares.	hectares.	hectares.	hectares.	hectares.
RÉGION DES CÉVENNES					
AU[DE]					
Argent-Double............	2,177	"	2,177	"	"
Orbiel....................	"	333	"	"	"
Totaux............	2,177	333	2,177	"	"
AVEY[RON]					
Tarn....................	"	516	"	"	"
GA[RD]					
Dourbie.................	4,419	1,485	4,335	"	84
Hérault.................	4,647	2,404	3,865	"	782
Cèze....................	2,119	2,044	2,089	"	30
Gardon..................	788	2,691	634	"	256
Chassézac...............	218	170	202	"	16
Totaux............	12,191	8,794	11,125	"	1,688
H[ÉRAULT]					
Argent-Double............	165	772	"	"	165
Cesse-Ognon.............	383	5,641	32	"	351
Orb moyen...............	627	2,391	459	"	168
Jaur....................	3,975	"	3,910	"	65
Agout..................	983	"	962	"	21
Orb supérieur...........	1,370	4,647	354	"	1,016
Lergue	1,472	159	1,465	"	7
Hérault.................	1,746	3,753	1,089	"	657
Totaux............	19,721	17,363	8,271	"	2,450

	DÉPENSES EFFECTUÉES.						DÉPENSES PRÉVUES pour L'ACHÈVEMENT DES TRAVAUX.	
	TRAVAUX				TOTAL.	ACQUISITIONS	TRAVAUX	ACQUISITIONS
	FORESTIERS.	DE CORRECTION.	AUXILIAIRES.	DIVERS.		DE TERRAINS.	de toute nature.	de terrains.
	francs.	francs.	francs.	francs.	francs.	francs.	francs.	francs.
...T DU PLATEAU CENTRAL. (Suite.)								
...DE.								
	510,182	44,370	23,022	23,413	600,987	883,307	36,326	»
	»	»	»	»	»	»	66,600	33,300
	510,182	44,370	23,022	23,413	600,987	883,307	102,926	33,300
...ON.								
	»	»	»	»	»	»	44,748	65,100
...RD.								
	764,096	48,711	274,858	50,632	1,147,297	975,244	204,000	165,000
	626,894	45,676	313,001	64,934	1,050,505	795,423	318,600	263,000
	646,023	53,875	268,575	54,334	1,022,897	748,008	370,000	225,000
	54,813	5,647	21,349	3,966	85,775	91,419	420,000	290,000
	88,668	6,687	17,536	2,662	115,553	47,807	28,000	19,000
	2,180,494	160,596	895,319	185,528	3,421,937	2,657,901	1,340,600	962,000
...RAULT.								
	»	»	»	»	»	»	96,380	61,588
	3,274	»	27	61	3,362	29,962	659,120	451,280
	68,116	»	21,280	3,389	92,785	69,910	511,800	191,280
	1,168,660	996	209,652	62,660	1,436,168	687,727	6,500	»
	217,127	50	38,391	24,067	279,635	224,752	2,100	»
	31,711	»	29,954	3,741	65,406	141,516	690,138	330,226
	364,466	943	55,284	11,528	432,221	217,884	16,600	15,000
	34,273	1,073	32,707	10,159	78,212	124,083	624,008	301,030
	1,882,027	3,062	387,295	115,605	2,387,989	1,510,098	2,606,646	1,352,204

PÉRIMÈTRES.	CONSISTANCE DES PÉRIMÈTRES.		RÉSULTATS DES TRAVAUX.		
			TERRAINS		
	À L'ÉTAT.	À ACQUÉRIR.	REBOISÉS.	non susceptibles DE REBOISEMENT.	À REBOISER.
	hectares.	hectares.	hectares.	hectares.	hectares.
					LO
Allier supérieur.	464	628	456	"	8
Chassézac.	1,163	4,978	947	20	196
Truyère.	240	"	240	"	"
Lot supérieur.	2,879	663	2,857	8	14
Valdonnez.	3,364	"	2,781	5	578
Tarn.	7,953	2,764	6,713	3	1,237
Gardons.	989	1,005	616	"	373
Cèze	382	815	287	"	95
Totaux.	17,434	10,853	14,897	36	2,501
					LO
Gier.	"	717	"	"	"
					HAUTE-
Allier.	543	2,473	427	"	116
Lignon.	1,189	462	1,189	"	"
Loire supérieure.	2,031	130	1,989	41	1
Totaux.	3,763	3,065	3,605	41	117
					PUY-DE
Sioule.	588	"	588	"	"
					T
Agout.	556	136	334	"	222
					RÉGION DE
					AR
Haute Ariège.	283	73	204	57	22
Vicdessos.	1,260	188	1,048	"	212
Totaux.	1,543	261	1,252	57	234

	DÉPENSES EFFECTUÉES.						DÉPENSES PRÉVUES pour L'ACHÈVEMENT DES TRAVAUX.	
	TRAVAUX				TOTAL.	ACQUISITIONS DE TERRAINS.	TRAVAUX de toute nature.	ACQUISITIONS de terrains.
	FORESTIERS.	DE CORRECTION.	AUXILIAIRES.	DIVERS.				
	francs.	francs.	francs.	francs.	francs.	francs.	francs.	francs.
ZÈRE.								
	45,402	1,140	9,838	2,579	58,959	53,244	76,320	75,000
	108,509	3,782	14,181	7,435	133,907	132,162	886,000	600,000
	28,666	162	7,489	892	37,209	28,640	5,000	//
	720,180	26,680	165,353	23,055	935,268	1,251,903	135,400	82,050
	571,280	31,606	132,384	18,568	753,838	1,034,533	115,600	//
	655,527	71,055	212,419	46,871	985,872	968,362	701,000	197,000
	32,475	//	7,137	2,023	41,635	114,484	144,000	80,400
	21,048	//	1,278	831	23,157	17,904	99,200	65,200
	2,183,087	134,425	550,079	102,254	2,969,845	3,601,232	2,162,520	1,099,650
RE.								
	//	//	//	//	//	//	141,000	215,100
LOIRE.								
	54,389	//	6,773	1,070	62,232	111,015	260,906	494,600
	227,353	100	25,114	45,055	297,622	276,989	46,200	55,400
	397,945	5,972	45,988	55,905	505,810	529,889	13,000	23,400
	679,687	6,072	77,875	102,030	865,664	917,893	320,106	573,400
DÔME.								
	76,386	4,160	67,672	21,523	169,741	89,885	//	//
RN.								
	17,452	//	1,793	396	19,641	77,292	35,800	22,600
PYRÉNÉES.								
ÈGE.								
	49,471	137,996	24,875	11,271	223,613	13,266	57,000	25,900
	147,647	76,054	131,072	56,416	411,189	2,343	164,000	90,400
	197,118	214,050	155,947	67,687	634,802	15,609	221,000	116,300

PÉRIMÈTRES.	CONSISTANCE DES PÉRIMÈTRES.		RÉSULTATS DES TRAVAUX.		
			TERRAINS		
	À L'ÉTAT.	À ACQUÉRIR.	REBOISÉS.	non susceptibles DE REBOISEMENT.	À REBOISER.
	hectares.	hectares.	hectares.	hectares.	hectares.
					AU
Aude moyenne.	"	2,586	"	"	"
Agly supérieure	449	7,047	230	"	219
Aude inférieure	3,526	3,642	3,269	"	257
Orbieu	2,863	1,572	1,299	"	1,564
Berre	"	2,848	"	"	"
TOTAUX	6,838	17,695	4,798	"	2,040
					HAUTE-
Garonne	28	252	26	"	2
Pique	1,681	658	1,134	11	536
TOTAUX	1,709	910	1,160	11	538
					HAUTES-
Gave de Pau	371	775	297	56	18
Bastan	472	289	472	"	"
Neste de Louron	"	216	"	"	"
TOTAUX	843	1,280	769	56	18
					PYRÉNÉES-
Sègre	"	720	"	"	"
Tet supérieure	999	301	833	145	44
Tet inférieure	1,368	969	1,259	66	43
Agly inférieure	1,414	2,587	511	"	903
Tech	"	766	"	"	"
TOTAUX	3,781	5,343	2,603	211	967

	DÉPENSES EFFECTUÉES.					DÉPENSES PRÉVUES pour L'ACHÈVEMENT DES TRAVAUX.	
TRAVAUX				TOTAL.	ACQUISITIONS	TRAVAUX	ACQUISITIONS
FORESTIERS.	DE CORRECTION.	AUXILIAIRES.	DIVERS.		DE TERRAINS.	de toute nature.	de terrains.
francs.	francs.	francs.	francs.	francs.	francs.	francs.	francs.
…DE.							
//	//	//	//	//	//	515,600	386,400
1,287	//	4,192	1,127	6,606	28,246	1,092,800	563,560
588,869	11,746	48,290	12,083	610,988	679,284	546,300	364,200
31,627	8,277	52,440	6,402	98,716	240,368	314,400	173,380
//	//	//	//	//	//	427,200	227,900
571,783	20,023	104,892	19,612	716,310	947,898	2,896,300	1,715,440
…GARONNE.							
4,081	11,982	5,039	861	21,963	4,196	63,000	50,400
99,396	443,270	60,476	41,934	645,076	17,969	263,200	131,600
103,477	455,252	65,545	42,795	667,039	22,165	326,200	182,000
…PYRÉNÉES.							
217,315	264,631	162,110	50,015	694,071	//	158,600	93,500
424,453	672,612	97,342	33,310	1,227,717	53,733	144,500	54,400
//	//	//	//	//	//	59,000	42,500
641,768	937,243	259,452	83,325	1,921,788	53,733	362,100	190,400
…ORIENTALES.							
//	//	//	//	//	//	180,000	105,000
314,408	188,771	78,206	42,607	617,992	313,679	80,250	23,490
401,258	246,977	94,780	32,764	775,779	322,356	253,000	70,480
18,666	//	3,212	6,387	28,265	132,349	698,000	166,000
//	//	//	//	//	//	191,500	120,390
734,332	435,748	170,198	81,758	1,422,036	768,384	1,402,750	485,360

DÉPARTEMENTS.	CONSISTANCE DES PÉRIMÈTRES.		RÉSULTATS DES TRAVAUX.		
			TERRAINS		
	À L'ÉTAT.	À ACQUÉRIR.	REBOISÉS.	non susceptibles DE REBOISEMENT.	À REBOISER.
	hectares.	hectares.	hectares.	hectares.	hectares.

RÉCAPITU

RÉGION DES

DÉPARTEMENTS.	À L'ÉTAT.	À ACQUÉRIR.	REBOISÉS.	non susceptibles DE REBOISEMENT.	À REBOISER.
Basses-Alpes	58,729	41,291	39,694	1,559	17,476
Hautes-Alpes	32,365	26,083	19,748	7,804	4,813
Alpes-Maritimes	9,369	16,528	4,840	1,066	3,463
Drôme	24,248	6,191	12,723	526	10,999
Isère	11,893	2,754	6,313	3,716	1,864
Savoie	4,530	2,989	1,621	827	2,082
Haute-Savoie	723	1,913	224	66	433
Vaucluse	5,711	762	4,326	"	1,385
TOTAUX	141,568	98,511	89,489	15,564	42,515

RÉGION DES CÉVENNES ET

DÉPARTEMENTS.	À L'ÉTAT.	À ACQUÉRIR.	REBOISÉS.	non susceptibles DE REBOISEMENT.	À REBOISER.
Ardèche	7,131	11,588	5,957	15	1,159
Aude	2,177	333	2,177	"	"
Aveyron	"	516	"	"	"
Gard	12,191	8,794	11,125	"	1,066
Hérault	10,721	17,363	8,271	"	2,450
Lozère	17,434	10,853	14,897	36	2,501
Loire	"	717	"	"	"
Haute-Loire	3,763	3,065	3,605	41	117
Puy-de-Dôme	588	"	588	"	"
Tarn	556	136	334	"	222
TOTAUX	54,561	53,365	46,954	92	7,515

RÉGION DES

DÉPARTEMENTS.	À L'ÉTAT.	À ACQUÉRIR.	REBOISÉS.	non susceptibles DE REBOISEMENT.	À REBOISER.
Ariège	1,543	261	1,252	57	234
Aude	6,838	17,695	4,798	"	2,040
Haute-Garonne	1,709	910	1,160	11	538
Hautes-Pyrénées	843	1,280	769	56	18
Pyrénées-Orientales	3,781	5,343	2,603	211	967
TOTAUX	14,714	25,489	10,582	335	3,797

	DÉPENSES EFFECTUÉES.						DÉPENSES PRÉVUES pour L'ACHÈVEMENT DES TRAVAUX.	
	TRAVAUX				TOTAL.	ACQUISITIONS DE TERRAINS.	TRAVAUX de toute nature.	ACQUISITIONS de terrains.
	FORESTIERS.	DE CORRECTION.	AUXILIAIRES.	DIVERS.				
	francs.	francs.	francs.	francs.	francs.	francs.	francs.	francs.
...ATION.								
...LPES.								
	7,010,723	5,037,299	1,837,781	799,740	14,685,543	5,899,836	10,703,057	3,228,200
	3,775,728	3,015,445	1,063,469	1,298,439	9,153,081	4,653,355	5,126,700	2,879,126
	759,077	759,623	247,807	67,771	1,834,278	496,370	4,300,841	1,273,700
	3,110,684	1,255,250	624,123	160,514	5,150,571	2,982,528	3,626,997	780,720
	1,633,184	2,609,823	522,545	376,223	5,141,775	1,113,866	974,000	140,130
	301,603	5,180,947	494,648	81.688	6,058,886	583,928	1,663,700	223,607
	36,481	655,704	146,256	24,624	863,065	32,872	1,718,200	191,300
	636,382	17,928	95,392	35,571	785,273	630,029	224,450	78,300
	7,263,862	18,532,019	5,032,021	2,844,570	43,672,472	16,402,784	28,337,945	8,785,083
...U PLATEAU CENTRAL.								
	801,759	109,711	197,744	64,044	1,173,258	2,184,949	2,418,400	1,668,600
	510,182	44,370	23,022	23,413	600,987	883,307	102,926	33,300
	//	//	//	//	//	//	44,748	65,100
	2,180,494	160,596	895,319	185,528	3,421,937	2,657,901	1,340,600	962,000
	1,882,027	3,062	387,295	115,605	2,387,989	1,510,098	2,606,646	1,352,204
	2,183,087	134,425	550,079	102,254	2,969,845	3,601,232	2,162,520	1,099,650
	//	//	//	//	//	//	141,000	215,100
	679,687	6,072	77,875	102,030	865,664	917,893	320,106	573,400
	76,386	4,160	67,672	21,523	169,741	89,885	//	//
	17,452	//	1,793	396	19,641	77,292	35,800	22,600
	8,331,074	462,396	2,200,799	614,793	11,609,062	11,922,647	9,172,746	5,991,954
...PYRÉNÉES.								
	197,118	214,050	155,947	67,687	634,802	15,609	221,000	116,300
	571,783	20,023	104,892	19,612	716,310	947,898	2,896,300	1,715,640
	103,477	455,252	65,515	42,795	667,039	22,165	326,200	182,000
	641,768	937,243	259,452	83,325	1,921,788	53,733	362,100	190,400
	734,332	435,748	170,198	81,758	1,422,036	768,384	1,402,750	485,360
	2,248,478	2,062,316	756,004	295,177	5,361,975	1,807,789	5,208,350	2,689,700

RÉGIONS.	CONSISTANCE DES PÉRIMÈTRES.		RÉSULTATS DES TRAVAUX.		
			TERRAINS		
	à l'état.	à acquérir.	reboisés.	non susceptibles de reboisement.	à reboiser.
	hectares.	hectares.	hectares.	hectares.	hectares.
					RÉCAPITULATION
Alpes.....................	147,568	98,511	89,489	15,564	42,515
Cévennes et Plateau central.......	54,561	53,365	46,954	92	7,515
Pyrénées...................	14,714	25,489	10,582	335	3,797
Totaux...........	216,843	177,365	147,025	15,991	53,827

DÉPENSES EFFECTUÉES :						DÉPENSES PRÉVUES pour L'ACHÈVEMENT DES TRAVAUX.	
TRAVAUX				TOTAL.	ACQUISITIONS	TRAVAUX	ACQUISITIONS
ORESTIERS.	DE CORRECTION.	AUXILIAIRES.	DIVERS.		DE TERRAINS.	de toute nature.	de terrains.
francs.	francs.	francs.	francs.	francs.	francs.	francs.	francs.
ÉNÉRALE.							
,263,862	18,532,015	5,032,021	2,844,570	43,672,472	16,402,784	28,837,945	8,785,683
,331,074	462,396	2,200,799	614,793	11,609,062	11,922,647	9,172,746	5,991,954
,248,478	2,062,316	756,004	295,177	5,361,975	1,807,789	5,208,350	2,689,700
,843,414	21,056,731	7,988,824	3,754,540	60,643,509	30,133,220	42,719,041	17,466,737

CHAPITRE XII.

TRAVAUX FACULTATIFS DE RESTAURATION EXÉCUTÉS PAR LES COMMUNES.
COMPTE RENDU SOMMAIRE DES TRAVAUX DE 1860 À 1909.

L'état ci-après fournit les renseignements nécessaires pour permettre de se rendre compte de l'importance des travaux exécutés par les communes, avec subventions des départements et de l'État, de 1860 à 1909.

La contenance des terrains reboisés au 1ᵉʳ janvier 1909 est de 54,254 hect. 54.

La dépense totale s'est élevée à 7,430,023 fr. 84.

Cette dépense se répartit ainsi qu'il suit entre les communes, les départements et l'État :

Communes..................................	21.6 p. 100
Départements.............................	23.5
État......................................	54.9

La contribution de l'État comprend des subventions en argent et des subventions en nature (graines et plants), ces dernières ayant été souvent estimées au-dessous de leur valeur réelle.

SITUATION AU 1ᴱᴿ JANVIER 1909
DES TRAVAUX DE RESTAURATION EXÉCUTÉS PAR LES COMMUNES.

DÉPARTEMENTS.	ÉTENDUE REBOISÉE.	DÉPENSE EFFECTUÉE			DÉPENSE TOTALE.
		par LES COMMUNES.	par LES DÉPARTEMENTS.	PAR L'ÉTAT.	
RÉGION DES ALPES.					
Basses-Alpes...........	762ʰ68ᵃ	29,951ᶠ50ᶜ	44,145ᶠ00ᶜ	128,909ᶠ83ᶜ	203,006ᶠ33ᶜ
Hautes-Alpes.........	560 83	20,167 85	21,787 10	43,776 79	85,731 74
Alpes-Maritimes.......	2,130 09	103,832 50	84,037 05	322,898 00	510,767 55
Bouches-du-Rhône......	8,654 40	183,630 70	331,083 78	509,535 95	1,024,250 43
A reporter........	12,108 00	337,582 55	481,052 93	1,005,120 57	1,823,756 05

DÉPARTEMENTS.	ÉTENDUE REBOISÉE.	DÉPENSE EFFECTUÉE			DÉPENSE TOTALE.
		par LES COMMUNES.	par LES DÉPARTEMENTS.	PAR L'ÉTAT.	
RÉGION DES ALPES. (Suite.)					
Report...........	12,108ʰ00ᵃ	337,582ᶠ55ᶜ	481,052ᶠ93ᶜ	1,005,120ᶠ57ᶜ	1,823,756ᶠ05ᶜ
Drôme.............	328 61	12,653 35	18,771 00	23,520 65	54,945 00
Isère..............	1,141 18	51,036 18	88,814 96	90,777 69	230,628 83
Savoie	2,194 12	69,850 40	54,268 32	123,133 01	247,251 73
Haute-Savoie	1,364 27	63,851 40	19,923 50	104,889 84	188,664 74
Var	1,442 02	96,218 85	11,050 00	119,687 35	226,956 20
Vaucluse...........	8,349 63	194,861 57	109,631 00	342,073 82	646,566 39
Totaux........	26,927 83	826,054 30	783,511 71	1,809,202 93	3,418,768 94
RÉGION DES CÉVENNES ET DU PLATEAU CENTRAL.					
Allier.............	77ʰ23ᵃ	4,667ᶠ05ᶜ	″	3,459ᶠ08ᶜ	8,126ᶠ13ᶜ
Ardèche...........	386 07	2,770 00	21,032ᶠ37ᶜ	17,040 50	40,842 87
Aveyron...........	214 88	12,792 47	1,997 00	6,284 21	21,073 68
Cantal	1,928 30	13,394 60	38,958 62	108,303 21	160,656 33
Corrèze...........	848 93	3,101 70	31,531 80	31,919 48	66,552 98
Creuse............	646 15	3,707 70	12,331 95	44,647 36	60,687 01
Gard	481 70	22,519 20	50,007 00	47,849 39	120,374 59
Hérault	415 00	8,600 00	50,299 30	16,502 02	75,401 32
Loire	1,202 80	51,588 40	83,114 65	102,760 05	237,463 10
Haute-Loire	865 69	2,927 15	20,145 30	22,482 62	45,555 07
Lozère	1,174 61	4,757 50	38,691 84	101,579 38	145,028 72
Nièvre.............	16 40	3,139 00	″	495 00	3,634 00
Puy-de-Dôme........	9,634 09	98,314 85	224,472 10	814,733 67	1,137,520 62
Rhône	316 93	12,507 30	29,037 80	23,189 20	64,734 30
Tarn..............	1,104 21	42,487 10	28,287 87	56,756 08	127,531 05
Haute-Vienne........	180 57	1,916 70	11,559 52	8,743 19	22,219 41
Totaux........	19,493 56	289,190 72	641,467 02	1,406,743 44	2,337,401 18
RÉGION DES PYRÉNÉES.					
Ariège	60ʰ41ᵃ	8,771ᶠ60ᶜ	6,399ᶠ00ᶜ	26,137ᶠ21ᶜ	41,307ᶠ81ᶜ
Aude	3,319 98	131,308 88	194,176 37	431,190 24	756,675 49
Haute-Garonne.......	51 70	6,062 00	12,820 58	45,424 13	64,306 71
Basses-Pyrénées.......	46 28	4,159 99	″	4,323 91	8,483 90
Hautes-Pyrénées......	174 35	21,656 91	8,100 00	35,074 51	64,831 42
Pyrénées-Orientales....	183 24	13,756 00	″	″	″
Totaux........	3,835 96	185,715 38	228,832 95	553,442 36	967,990 69

IMPRIMERIE NATIONALE.

DÉPARTEMENTS.	ÉTENDUE REBOISÉE.	DÉPENSE EFFECTUÉE			DÉPENSE TOTALE.
		par LES COMMUNES.	par LES DÉPARTEMENTS.	PAR L'ÉTAT.	
DÉPARTEMENTS DIVERS.					
Ain................	844ʰ68ᵃ	32,655ᶠ90ᶜ	24,776ᶠ28ᶜ	146.261ᶠ64ᶜ	203,683ᶠ79ᶜ
Aube	8 74	1,120 75	46 75	335 00	1,502 50
Corse.	195 00	23,700 60	10,449 25	13,548 26	46,698 64
Côte-d'Or..........	323 39	31,395 00	17,285 00	6,571 00	55,251 00
Doubs.............	303 54	27,303 44	2,210 00	13,576 88	33,090 32
Jura...............	502 96	57,756 57	31,267 29	28,690 40	117,714 26
Lot................	5 10	224 40	//	36 35	260 75
Lot-et-Garonne	1 70	43 00	57 00	300 00	600 00
Haute-Marne........	457 14	23,509 60	1,292 00	16,134 11	40,935 71
Meurthe-et-Moselle.....	131 37	14,999 55	800 00	4,410 00	20,209 55
Meuse	31 42	2,517 74	//	1,732 00	4,249 74
Pas-de-Calais	0 50	36 00	//	24 00	60 00
Haute-Saône........	73 72	20,622 00	275 00	2,692 00	23,589 00
Saône-et-Loire........	294 78	21,088 55	8,616 00	55,138 77	84,843 32
Somme............	8 57	1,245 00	//	548 00	1,793 00
Vosges.............	704 34	50,873 52	//	11,878 85	62,752 37
Yonne.............	109 24	4,554 68	492 35	2,782 05	7,829 08
Totaux.......	3,997 19	303,646 30	97,566 92	304,649 81	705,863 03

RÉCAPITULATION GÉNÉRALE.

DÉPARTEMENTS.	ÉTENDUE REBOISÉE.	par LES COMMUNES.	par LES DÉPARTEMENTS.	PAR L'ÉTAT.	DÉPENSE TOTALE.
Région des Alpes......	26,927ʰ83ᵃ	826,054ᶠ30ᶜ	783,511ᶠ71ᶜ	1,809,202ᶠ93ᶜ	3,418,768ᶠ94ᶜ
Région des Cévennes et du Plateau central...	19,493 56	289,190 72	641,467 02	1,406,743 64	2,337,401 18
Région des Pyrénées....	3,835 96	185,715 38	228,832 95	553,442 36	967,990 69
Départements divers....	3,997 19	303,646 30	97,566 92	304,649 81	705,863 03
Totaux.......	54,254 54	1,604,606 70	1,751,378 60	4,074,038 54	7,430,023 84

CHAPITRE XIII.

TRAVAUX FACULTATIFS DE RESTAURATION EXÉCUTÉS PAR LES PARTICULIERS.
COMPTE RENDU SOMMAIRE DES TRAVAUX DE 1860 À 1909.

Les travaux facultatifs de restauration exécutés depuis 1860 par les particuliers, avec subventions des départements et de l'État, sont résumés dans le tableau ci-après.

La contenance reboisée au 1ᵉʳ janvier 1909 est de 53,576 h. 83.

La dépense totale s'est élevée à 4,728,403 francs.

Cette dépense se répartit ainsi qu'il suit entre les particuliers, les départements et l'État :

Particuliers .... 57.8 p. 100
Départements...................................... 5.3
État.. 36.9

La participation de l'État ne comprend que des subventions en nature.

SITUATION AU 1ᴱᴿ JANVIER 1909
DES TRAVAUX DE RESTAURATION EXÉCUTÉS PAR LES PARTICULIERS.

DÉPARTEMENTS	ÉTENDUE REBOISÉE.	DÉPENSE EFFECTUÉE			DÉPENSE TOTALE.
		par LES PARTICULIERS.	par LES DÉPARTEMENTS.	PAR L'ÉTAT.	
RÉGION DES ALPES.					
Basses-Alpes............	315ʰ69ᵃ	15,604ᶠ25ᶜ	//	3,375ᶠ72ᶜ	18,979ᶠ97ᶜ
Hautes-Alpes..........	382 67	41,645 97	//	16,749 70	58,396 27
Alpes-Maritimes.......	155 07	17,986 00	//	11,161 84	29,147 84
Bouches-du-Rhône.....	1,780 00	104,881 63	14,685ᶠ67ᶜ	15,803 00	135,370 30
Drôme..............	820 45	69,713 50	3,898 00	23,200 34	96,811 84
Isère.............	1,082 93	77,955 24	2,774 55	28,692 51	109,422 30
A reporter........	4,536 81	327,786 59	21,358 22	98,983 11	448,128 52

DÉPARTEMENTS.	ÉTENDUE REBOISÉE.	DÉPENSE EFFECTUÉE			DÉPENSE TOTALE.
		par LES PARTICULIERS.	par LES DÉPARTEMENTS.	PAR L'ÉTAT.	
RÉGION DES ALPES. (Suite.)					
Report............	4,536^{h}81^c	327,786^{f}59^c	21,358^{f}22^c	98,983^{f}11^c	448,128^{f}52^c
Savoie..............	151 01	15,092 65	//	7,185 76	22,278 41
Haute-Savoie........	314 14	21,327 45	50 00	13,137 64	34,515 09
Var..............	198 83	10,087 50	//	19,338 77	29,426 27
Vaucluse............	97 40	3,229 65	100 00	2,734 69	6,064 34
Totaux.......	5,298 19	377,523 44	21,508 22	141,379 97	540,411 63
RÉGION DES CÉVENNES ET DU PLATEAU CENTRAL.					
Allier..............	621^{h}00^a	31,172^{f}85^c	//	28,802^{f}84^c	52,975^{f}69^c
Ardèche............	2,212 60	266,758 23	//	84,628 71	351,386 94
Aveyron............	231 30	21,597 05	//	8,021 92	29,618 97
Cantal............	7,026 70	116,018 10	//	242,023 87	358,041 97
Corrèze............	10,482 17	132,299 10	//	355,835 80	488,134 90
Creuse.............	2,872 57	76,989 90	7,936^{f}68^c	88,034 14	172,960 72
Gard.............	1,808 84	79,389 77	//	39,835 78	119,225 55
Hérault............	41 90	11,205 00	//	6,064 86	17,269 86
Loire.............	5,824 30	432,071 55	71,208 25	184,237 25	687,517 05
Haute-Loire.........	280 51	10,923 00	165 00	12,293 36	23,381 36
Lozère.............	2,461 51	110,885 99	//	72,998 22	183,884 21
Nièvre.............	107 77	5,440 24	//	4,254 50	9,694 74
Puy-de-Dôme........	3,123 76	145,179 86	//	100,022 01	245,201 87
Rhône.............	5,341 86	493,483 35	139,657 01	154,015 80	787,156 16
Tarn.............	399 59	34,975 05	//	12,967 15	47,942 20
Haute-Vienne........	644 95	18,324 92	863 78	16,388 28	35,576 98
Totaux.......	43,481 23	1,986,713 96	219,830 72	1,403,424 49	3,609,969 17
RÉGION DES PYRÉNÉES.					
Ariège	560^{h}95^a	53,226^{f}70^c	//	35,072^{f}60^c	88,299^{f}30^c
Aude..............	933 03	95,796 95	10,300^{f}00^c	23,061 71	129,157 66
Haute-Garonne.......	212 00	14,648 82	//	13,036 41	27,685 23
Basses-Pyrénées	2 00	220 00	//	220 00	440 00
Hautes-Pyrénées......	168 90	13,169 50	//	6,451 35	19,620 85
Pyrénées-Orientales	1,314 95	102,791 50	//	49,328 19	152,119 69
Totaux.......	3,191 83	279,853 47	10,300 00	127,169 26	417,322 73

DÉPARTEMENTS.	ÉTENDUE REBOISÉE.	DÉPENSE EFFECTUÉE			DÉPENSE TOTALE.
		par LES PARTICULIERS.	par LES DÉPARTEMENTS.	PAR L'ÉTAT.	
DÉPARTEMENTS DIVERS.					
Ain.	169^{h}50^a	17,322^{f}00^c	//	11,077^{f}83^c	28,399^{f}83^c
Corse.	3 00	100 00	//	400 00	500 00
Côte-d'Or	2 18	90 00	//	50 00	140 00
Jura.	59 10	5,750 40	600^{f}00^c	2,131 70	8,482 10
Lot.	561 88	5,119 50	//	20,924 12	26,043 26
Lot-et-Garonne.	25 00	150 00	//	76 00	226 00
Saône-et-Loire.	784 92	59,817 70	//	37,090 22	96,907 92
Totaux.	1,605 58	88,349 60	600 00	71,749 87	160,699 47
RÉCAPITULATION GÉNÉRALE.					
Région des Alpes.	5,298^{h}19^a	377,523^{f}44^c	21,508^{f}22^c	141,379^{f}97^c	540,411^{f}63^c
Région des Cévennes et du plateau Central.	43,481 23	1,986,713 96	219,830 72	1,403,424 49	3,609,969 17
Région des Pyrénées.	3,191 83	279,853 47	10,300 00	127,169 26	417,322 73
Départements divers.	1,605 58	88,349 60	600 00	71,749 87	160,699 47
Totaux.	53,576 83	2,732,440 47	252,238 96	1,743,723 59	4,728,403 00

CHAPITRE XIV.

AMÉLIORATIONS PASTORALES.
DÉPENSES EFFECTUÉES DE 1899 À 1909.

Les subventions allouées pendant les dix dernières années, 1899 à 1909, pour améliorations de pâturages et pour fruitières sont résumées ci-après par département.

Basses-Alpes	11,083 francs.
Hautes-Alpes	7,655
Alpes-Maritimes	17,598
Ariège	20,313
Drôme	199
Haute-Garonne	47,941
Isère	16,320
Lozère	1,000
Basses-Pyrénées	954
Hautes-Pyrénées	10,696
Savoie	33,165
Haute-Savoie	5,462
Doubs	1,950
Jura	611
Saône-et-Loire	280
TOTAL	172,227

L'Administration des eaux et forêts désigne sous le nom de fruitières, non seulement les établissements coopératifs, mais aussi les établissements privés gérés par des industriels qui achètent le lait à un prix convenu et assument les risques de la fabrication des produits et de leur vente.

Les fruitières se sont surtout développées dans le département de la Haute-Garonne, par suite de l'heureuse influence exercée par la fruitière-école de Marignac, subventionnée par l'Etat depuis sa création en 1884.

RÉGION
DES
ALPES
Carte au 1/500.000e
des Périmètres de Restauration
Terrains à l'État
Terrains à acquérir
RÉGION
DES
ALPES
Carte au 1/500.000e
des Périmètres de Restauration
LAC LÉMAN
ÉCHELLE = 1:500.000 (2 Millim. pour 1 Kilom.)

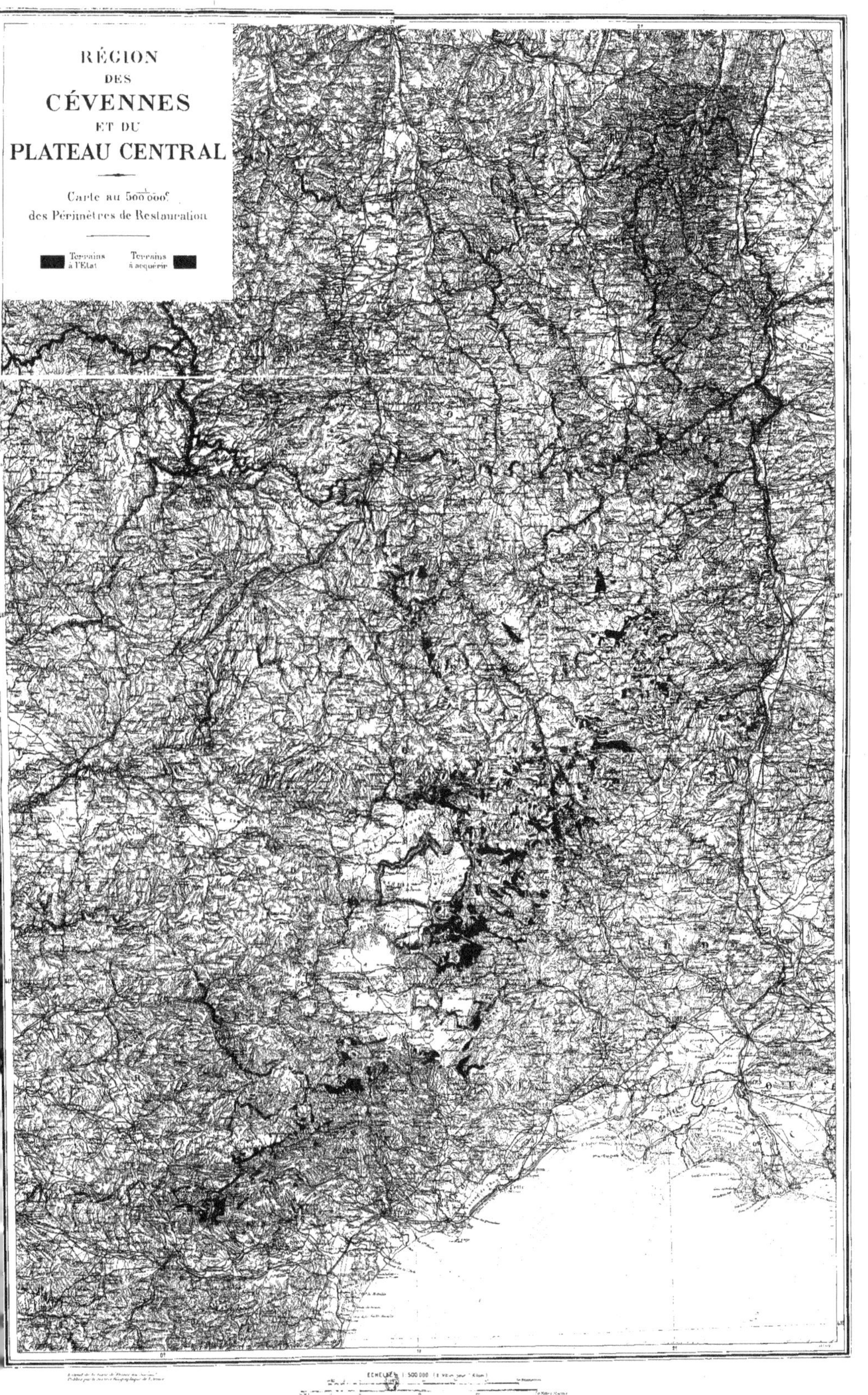

RÉGION
DES
CÉVENNES
ET DU
PLATEAU CENTRAL
Carte au 500 000ᵉ
des Périmètres de Restauration
Terrains à l'État
Terrains à acquérir
ÉCHELLE 1 500 000

RÉGION
DES
PYRÉNÉES
Carte au 500.000ᵉ
des Périmètres de Restauration
Terrains à l'État
Terrains à acquérir

TABLE DES MATIÈRES.

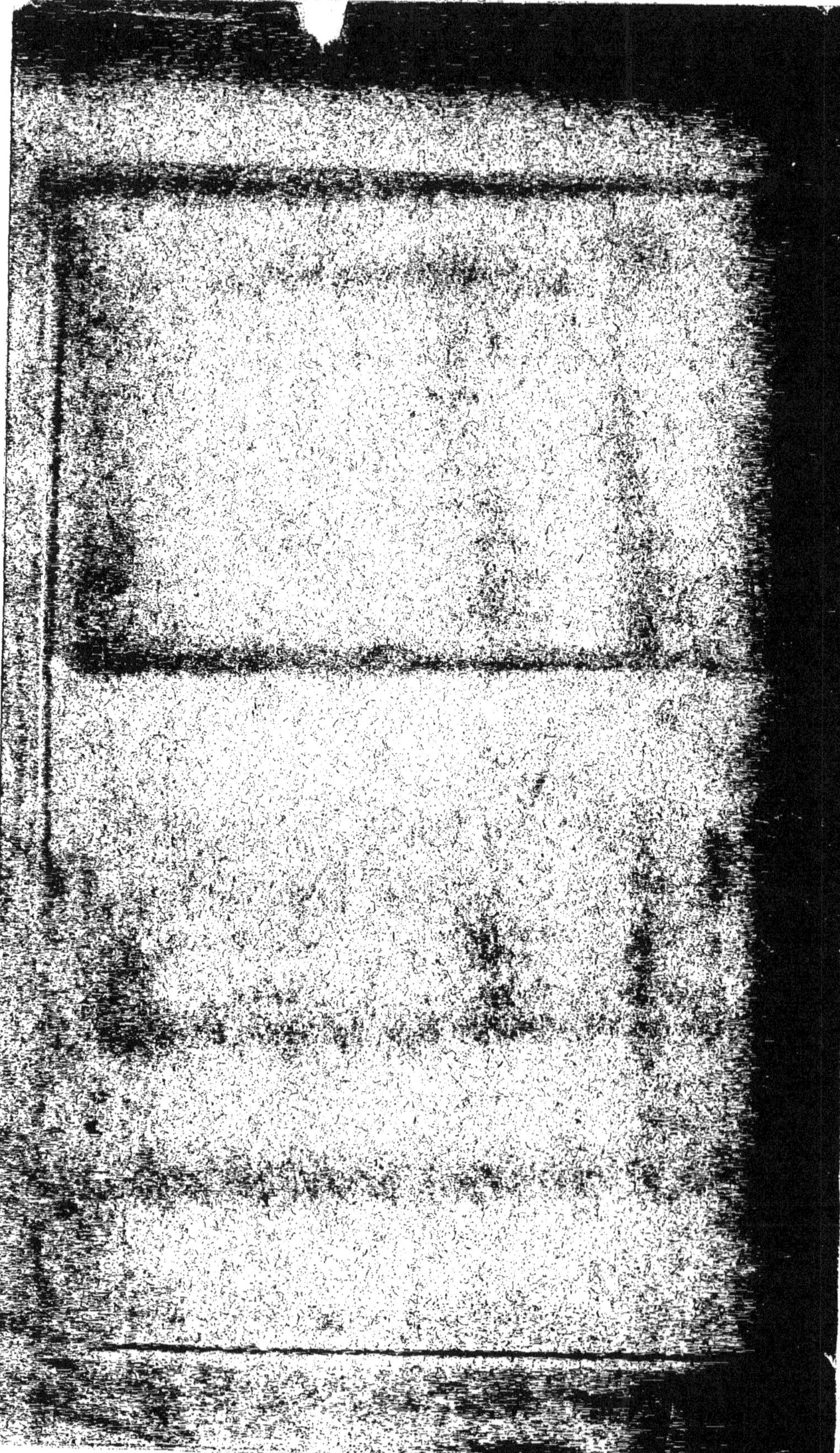

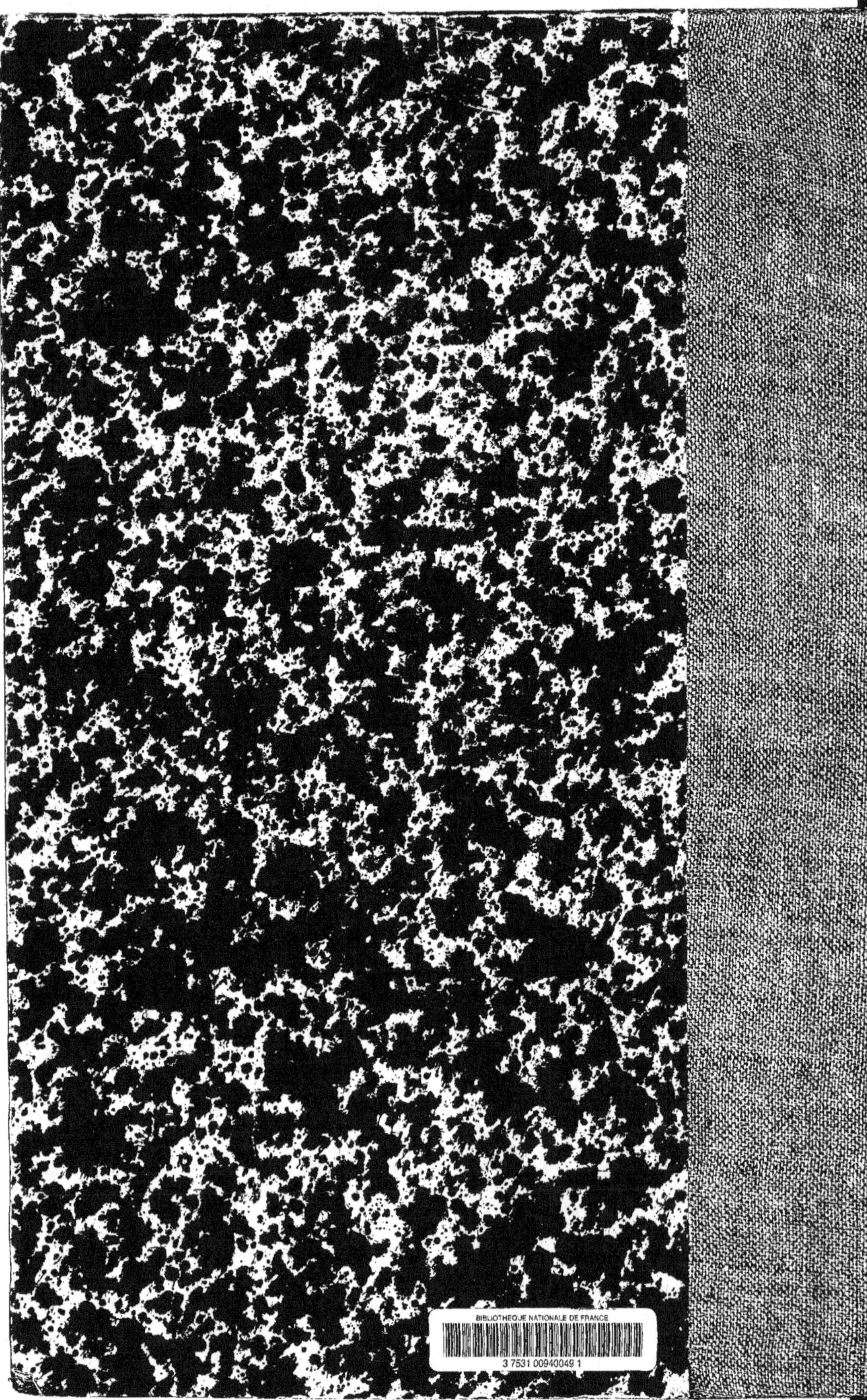
BIBLIOTHEQUE NATIONALE DE FRANCE
3 7531 00940049 1